李义天　张远航◎主　编

中国近代伦理学文献丛刊

第四部分·第六册

中央编译出版社
Central Compilation & Translation Press

出版说明

中国近代伦理学文献丛刊共计收录中国近现代伦理学文献三十二种，分作四辑，每辑所收文献按当时出版时序排列。本次整理，皆按底本影印，以存文献版本旧貌。底本原文或有舛错，本次整理未予订正，如伦理学（斯宾挪莎著，伍光建译）第一册第十一题目录作『神或本质原为无限属性所备造而成者而每一个属性则是发表永恒及无限然则神或本质要素者是必然有者』，但正文却为『神或本质原为无限属性所备造而成者而每一个属性则是发表永恒及无限然不神或本质要素者是必然有者』，虽神与不神仅一字之差，但意迥然不同；又如日本元良勇次郎著伦理学第二十四章目录作『纳税兵役之义务』，而正文却为『国家伦理 纳税与兵役之义务』，差异明显。此外，底本皆为繁体中文，本次整理，唯前言、目录及书眉等整理文字，为适宜今人阅读，皆作简体中文。特此说明。

前言

李义天

中国有着悠久的伦理文化传统与伦理思想传统。自先秦、经汉唐、至明清，前人先贤围绕善恶、是非、义利、廉耻等问题展开的讨论及其形成的知识成果，为我们留下了丰厚的文化遗产与思想资源。在这个意义上，作为一门学问的伦理学，在中华学术谱系中始终存在。然而，作为一门学科的伦理学，对于中国学术来说，却是一件近代以来才发生的事情。

学问的确立可以是学者个人的成就，但学科的确立却与学术制度的转型、学术形态的自觉，以及学术背景的更替密切相关。这些方面都必须在近代中国社会的语境中得到理解。具体而言：

其一，作为一门学科的伦理学，奠基于近代教育制度和教育体系的发展。正是在近代教育制度和教育体系（尤其是大学教育体系）的『学科化』进程中，细密的学科划分逐渐形成，清晰的学科意识逐渐确立。由此，学者对知识的探讨，不再意味着单纯的研究，而是建制上的学科建设。对近代中国学人而言，『伦理学』概念的出现以及学科的形成，正是近代中国在文明碰撞之间吸纳、改造近代教育体系及其学术制度的现实产物。

其二，作为一门学科的伦理学，不仅需要具备专门的研究题材与研究方法，更要有针对这些题材与方法的自觉总结和反思。因此，仅仅探讨有关善恶的问题、论证关乎善恶的要求，或许能够形成伦理学学问的主要框架，但不足以构成伦理学学科的完整内容。作为学科的伦理学，还必须在探讨和论证具体命题的基础上，对其背后的理由与方法加以提炼与批判。要做到这一点，则必须梳理、评析已有的观点与路径。在这个意义上，近代中国学人对伦理学方法论和伦理学思想史的研究自觉，乃是这门学科在近代中国初步成型的必要条件。

其三，作为一门学科的伦理学，无论是涉及教育体系与知识门类的「学科化」，还是涉及研究方法与思想历程的「自觉化」，都必须置于中国与世界交往的近代语境中来理解。在「作为学问的伦理学」向「作为学科的伦理学」的转变过程中，近代中国学人对西方伦理史籍的大规模翻译、对当时国外学界新近文献（尤其是思想史著作）的批评性介绍，以及他们立足本土而展开的系统阐释与重构，无疑是最重要的内在动力。这些动力及其带来的转变，恰恰是在近代中国的特定历史背景下，作为一系列近代事件而发生的。

因此，要理解作为一门学科的伦理学在中国的起步与发展，就必须对近代中国伦理学的理论实践加以关注。其中，最为基础的一项工作便是对当时研究和译介的基本文献进行搜集、整理与汇编。可以说，只有做好这项工作，我们才能印证中国伦理学学科所具有的近代性质，才能描述中国传统伦理思想向现代人文学科范式的转变过程，才能理解过去一百五十年间中国伦理学发展的曲折与波动，也才能帮助我们在此基础上推进当代中国伦理学的学术研究与学科建设。作为历史资料，这些近代文献对于直面历史、正视历史并希望能从历史中汲取经验的每一位伦理学人来说，都是无法忽视和规避的。

基于上述考虑，我们从二十世纪上半叶的相关文献材料中，择取了三十余部作品，分作四辑，每辑依其出版年序加以汇编整理。根据题材类型，它们大致被分为四类：

（一）史籍类。主要包括近代中国学人对西方伦理思想若干重要文献的翻译作品。它们可以映射出，当时的中国伦理学人在面向西方伦理思想时所采取的关注视角与选择范围。

（二）史论类。主要包括当时具有一定影响的伦理思想史研究著作。就内容主题而言，其中既有关于西方伦理思想史的研究，也有关于中国伦理思想史的研究；就出版类型而言，既有中国学者的原创研究，也有对同时期外国学者的成果译介。它们可以展示出，当时的中国伦理学人所接受的伦理思想史框架及其主要线索。

（三）著述类。主要包括近代中国学人对伦理学基本问题的思考和阐发。其中不仅含有一些导论性、概论性作品，也涉及一些基于特定立场或针对特定领域的研究专著。它们可以反映出，当时的中国伦理学人对伦理学整体或其分支的基本判断和理解深度。

（四）讲稿类。主要包括当时使用的若干伦理学讲义或教材。同样地，这一部分也是既包括中国学者或教育者的作品，也包括当时翻译过来作为教材或教学资料使用的文本。它们可以体现出，当时的中国伦理学学科教育所涉及的大致范围和程度。

值得特别强调的是，作为近代中国的思想文献，其在内容和表述上不可避免地存在这样或那样的历史局限。如今看来，其中有些说法和论证并不恰当甚或错误。但是，这也恰好体现了伦理学作为一门人文学科所无法摆脱的历史性与经验性，也再次证明了唯物史观关于道德学说在根本上受制于社会发展这一判断的有效性与正确性。因此，基于对历史事实的尊重，我们最大限度地将这些文献循其原貌，汇编成册，影印出版。我们期待，当代学人不仅能够抱着历史的眼光去认真地观察和理解它们，更能抱着历史的眼光去严肃地批判与剖析它们。只有这样，当代中国的伦理学研究才更可能去粗取精、去伪存真，也才更可能自成一体，贯通古今，奔向未来。

壬寅春于清华园

倫理學

編譯例言

一　譯者久欲介紹一部東西倫理學名著，以餉國人。客夏假間曾試譯英爵斯敦(Johnston)之倫理學序論，德赫脫曼(Hartmann)之倫理學綱要；終以其中徵引事例，不適國情，中途輟業，乃改譯本書。

一　本書原名倫理學要義，著者爲日本倫理學界泰斗吉田靜致。氏著作等身，此書出版稍後，在彼邦已風行有年；而在吾國亦不失爲有價值之學說。爰於課暇從事迻譯，計費時十閱月，幸底於成。

一　前見北平某大學倫理講義，强半摘譯此書；惜枝節爲之，掛漏殊多。茲將全書譯出，讀者藉此可窺全豹。

一　本書試譯，初擬採用語體；後欲縮短字數，乃改爲通俗文言。師中高級學生，文言程度，均有根柢；從事肄習，自當易於了解。

一　本書係講演稿，由聽講者速記成書，前後用語多有複沓之處。茲特斟酌删汰，以趨簡易。

一　本書內容示例，除如日俄之戰，實際史事不能更易外，諸凡尋常事例，如「勸業場」「汽車道」「傀儡戲」等，皆舉我國地址示例，為使觀念易於明瞭。

一　本書開端詳編目次，篇末更列習題，期使教學雙方便於省覽。

一　本書徵引歐美古今哲學家姓名，除將英字暫為附注備查外，譯者現正迻譯東哲松田友吉西洋倫理史要，以供倫理學者之參考。俟其成書，再為請教，邦人君子。

一　本書文義，凡有費解之處，輒向本院日語教授戎君春田從事問難，譯稿亦承胡君仲瀾多所修正。茲當付刊伊始，謹先鄭重鳴謝！

一九三一年六月一日，王向榮誌於河北省立女師學院

倫理學目次

第一章　何謂倫理學……一
最簡單的定義——此定義不完全——其理由——研究之二方面——對於事實的觀察與事實的評價研究之區別
第一節　事實的科學與規範的科學……二
物理心理等學爲事實的科學——倫理學爲規範的科學——美學倫理學同於倫理學——倫理學之正確圓滿的定義——與倫理學講義定義之異同——社會的性質與品性兩詞之有無——加入品性一詞之理由——道德判斷之對象——人類行動不盡爲道德判斷之對象——行爲不盡爲意識的——反射的自發的動作

非行爲——意志的動作爲行爲——習慣的動作——定義中加入品性一詞之必要——品性與行爲當分別爲論——品性之性質與行爲之性質常不一致——品性陶冶可能之理由——孔子——凡民——定義中品性行爲並列等視之理由——應當如何一語顯示規範的科學之意

第二節　個人與社會……一四

倫理學與政治學之區別——就團體爲規範的研究者爲政治學——就個人爲規範的研究者爲倫理學——無單獨存在的個人——吾人之身心有社會的性質故有價值——社會的內容

第三節　科學的倫理學……一八

科學重要之三條件——觀察——分類——說明——宇宙事物形成的體系——

說明之意義——日蝕之例——無說明不成爲科學——科學的倫理學——人類社會爲一大體系——道德判斷之體系的說明——有謂規範學不屬於科學者——前說之誤謬
第二章　倫理學與哲學……二七
關於意志活動的問題——自由與必然——意志果爲自由耶否耶
第一節　意志自由論與意志必然論……二八
哲學的問題——唯物論與唯心論——唯物論爲意志必然論——心爲有目的底精神作用——唯心論爲意志自由論
第二節　關於意志自由康德及細鳩維克之見……三〇

康德之說——對於意志自由問題細鳩維克之意見——意志之爲必然與自由無何等關係——歷史及起源如何不變化現在的價值——細鳩維克所見之謬——歷史及起源如何得變化現在的價值——康德之證明爲間接的——直接的證明——外的觀察與內的觀察——外觀法與唯物論——內省法與唯心論——內省法爲正當出發點——唯物論者以知覺爲最確的經驗——外觀法以整理材料爲主——內省法以深究事物之趣旨爲主——例言——內省法爲深得本源——斥唯物論而採唯心論——唯物論爲機械論——唯心論爲目的論

第三節　絕對的唯心論與人格的唯心論

絕對的唯心論以神爲本——人格的唯心論以人爲本——不認超絕人格之存在——格林爲主張絕對唯心論者——神的心非揣測而得——人格爲社會的生活——人格之存在爲自證的物質及神之存在則否——反對論——最經濟的假定

——不依人格唯心論則人類行動即無道德的意義——絕對唯心論奪去人類道德的意義——絕對唯心論與唯物論之結果——心爲萬物說明之總因——示例

第四節　主觀與客觀……………………四四

唯心論之難關——難題之解決——客觀事物之存在基於主觀之習慣作用——患精神病及熱狂者爲例外——客觀物之意義因人而異——大同小異——離主觀則無宇宙——絕對唯心論之解釋——吾人所認宇宙爲全體宇宙之一部——要求讀者注意之點——以抽象物爲具體物之通弊——理想的狀態爲具體的全同——自我爲大同小異

第五節　具體普汎釋義與人格之特色……………………五二

具體普汎的形容詞——人心之具體普汎與人面之具體普汎爲同義——無純粹

客觀的事物——理想憧憬者之理想實在化——康德所謂理性的存在物——自己意識——有自覺則有統一的經驗——有自覺則有目的觀念——人爲自覺的存在物——有自覺故有道德的意義——自己活動——自己活動與意志自由之關係——自己發展——自己實現

第三章 意志自由之意義 …… 五七

從來之意志自由論與必然論之謬誤——由從來之自由論則意志爲無原因的活動——必然論者反對意志自由論而以意志爲有原因的活動——意志活動有原因故爲必然的

第一節 起動原因與目的原因 …… 五八

過去活動之連續而引起其次之活動——實現目的觀念之活動——原因之二種

類——基於目的原因之活動與起動原因之活動混同視之爲必然論之謬誤——正當之解釋——其爲目的原因之結果故爲自由活動——有原因的自由——有原因故有責任

第二節　意志活動之分析……六一

第一自覺缺乏——第二感覺苦痛——第三浮現目的觀念——第四想像將來之快樂——第五欲望並起——第六欲望選擇——第七動機——第八行爲——自己決定——自我以外無原因——自己決定故爲自由——目的爲最好的自我——理想與單純觀念之別——行爲只有唯一之動機——欲望與動機之關係如候補議員與當選議員——欲望者示可能的將來——行爲之自身所以有道德責任

第三節　品性……六八
品性或云性格——普通則行爲爲品性之表現而不盡然——訓育感化之功能——惡品性可得爲善行爲善品性亦可得爲惡行爲——意志自由始生道德的責任——惰性——品性爲本加其時之意志決定而爲行爲——新行爲有改造品性之力——品性爲過去意志活動之總匯——品性之意義——受成於意志活動而又決定意志活動——示例——性向
第四節　動機與志向……七二
志向爲先見之結果——非志向所及之結果不生道德的責任——因不注意而不能先見時則不能免道德的責任——動機與志向之區別——動機爲志向中之一部分——示例——目的與手段

第五節　動機論與結果論……七五
對動機說之難問——此難問之謬誤——動機不能離志向而獨立——抽象的動機非事實之動機——示例——抽象的動機不可忽視——動機之具體的性質視其抽象的性質與志向全體之善惡而定——示例
第四章　道德的標準……八一
動機有自我滿足之性質
第一節　心理的善與倫理的善……八一
動機之實質不一而形式則一——心理的善不必卽爲倫理的善——道德責任之由來——心理的惡——倫理學之根本問題

第二節　標準論……八五
結婚問題——眞理與社會秩序——社會問題——理想與實際——自身利益與公衆利益——理想主義與實利主義
第三節　快樂說……八八
分量的計算主義——結果論——不可不有一定之單位——標準不可不爲客觀的——快樂苦痛之性質爲主觀的——感覺的快樂
第四節　自利與功利……九二
自己快樂以外無目的——自利說爲快樂說之正當歸結——功利說——總計一生快樂最大量的自利說——於現在瞬間只自己之快樂爲目的——感情快樂與

第六節　進化的快樂説

一〇六

斯賓塞之快樂説爲反對個人主義而起——個人主義之原子論——社會爲有機體——人類行動之快樂苦痛皆由社會關係而定——社會之成長發達——社會進化爲個人存在之根本條件——社會進化則快樂增多——社會進化爲最大快樂之唯一條件——窮極之目的爲快樂而直接之目的爲社會進化——求得快樂之道

第七節　經驗的快樂説與科學的快樂説

一一〇

從來之快樂説爲經驗的——由經驗而得來之道德法則——斯賓塞之快樂説爲科學的——經驗的天文學與科學的天文學——吾人之快樂苦痛由社會進化而定——生物進化——生存競爭——適者生存——食滋養物則與快樂爲一致——

——道德與快樂不道德與苦痛——結合快樂與進化之微意——倫理上快樂之位置——社會本位——此主義之謬誤——社會萬能論不能說明道德的責任——傀儡之喻——人類行動爲起動原因之結果——孔孟不必爲聖賢

第八節　直覺說……………………………………一一八

良心無進步發達之可言——一切人之良心爲同一——此無當於事實——良心爲隨經驗變遷之物——他之難點——道德判斷之二形式——法則與目的——目的標準爲道德本圖——法則標準爲先現的——

第九節　他律與自律……………………………一二二

道德標準不可不爲自律的——法律與道德——直覺說之歷史的意義——第一難點——法則間有衝突時輙迷於處置——第二難點——第三難點——煩苛手

目的——全體目的與部分目的之關係——無部分則無全體——對於全體適當關係部分之滿足

第十二節　禁欲說與尼采的超人說……一三七

感情欲望之本身無善惡——善惡視能實現全體之目的與否而定——本能滿足主義——中道主張——尼采之說——奴隸道德與君主道德——超人——治善主義

第五章　社會我……一四三

個人主義與普汎主義

第一節　個人與社會之關係……一四四

個人心卽社會心——兒童心理之發展——人格概念之始——無自我的自覺——有自我的自覺——自我者卽他我而他我者卽自我——兒童之模仿性——兒童之好强性——示例——交換思想感情之工具

第二節　社會制度……一五一
社會制度與社會我——社會心爲抽象的——個人心發展至某程度爲社會心——個人主義之誤認——離歷史及國家生活不能了解社會我——各自之心爲具體普汎的——抽象普汎的非實在物——社會我之本體爲實在物——眞正滿足自我卽滿足社會

第三節　社會我之形成——言語……一五七
有言語始有社會我——言語惟人類有之——動物只有鳴聲而無言語——人類

有人類社會之思想而動物則無動物社會之思想——動物之思想無社會的進步——動物之進化爲個體的——動物無嚴密意味的教育——柏林之學者馬——例言

第六章　良心……一六五

良心爲社會我之一方面

第一節　良心活動之實質……一六五

欲爲之目的與不得不爲之目的——良心之內容爲共通的——良心爲具體普汎的——人不甞爲良心的行動——自我之組織不必爲同一——良心之潛在

第二節　良心之起原……一六八

經驗說與先天說——斯賓塞之調和說——由自身觀之爲先天的而由人種觀之爲經驗的——斯賓塞之說仍爲一種經驗說——社會宗教政治等制裁——混一原因與機會

第三節　習慣我與理想我之戰……一七二

自我犧牲——自我實現——兩者之不可離的關係——個人即社會——良心主義非自利主義——良心的行爲爲自律的

第四節　洽義主義與社會制度……一七七

洽善主義——法律爲抽象普汎的——道德爲法律之根柢——社會制度之價值——社會制度爲客觀化的良心

第五節　一般化與特殊化……一八〇
偉人——庸人——社會範圍——公共善之範圍——善之所以爲善則一——道德之形式與內容——應用於兒童教育上之良心主義
第七章　道德之進步……一八七
第一節　理想的特質——絕對的同時又爲進步的……一八七
小我與大我——部分的我與全體的我——一時的我與永久的我——理想爲進步的——理想爲絕對的同時又爲進步的——理想爲具體普汎的——與論爲抽象的——無純粹客觀的標準——道德的善之形式與內容——進步與道德——道德法則不存在於理想的境域——自然法與道德法——理想因懷抱理想之自我而異。

第二節　絕對的倫理學與相對的倫理學……一九三
斯賓塞之意見——理想要有喚起吾人意志之力——無一定不變之窮極理想
第三節　人本主義與道德……一九六
意識爲宇宙成立說明之總因——由意識之進步而有宇宙意義之進步——眞理爲何——由良心之進步而有道德的進步——良心爲道德成立說明之總因——
第四節　厭世主義與樂天主義……一九八
進步與厭世觀——叔本華之見——進步與樂天觀——馬爾布郎之見
第八章　良心之作用……二〇三

第九章　欲望之統御……二一九

良心示唯一之標準——本務——德

第一節　本務之種類……二一九

確定本務與不確定本務——完全本務與不完全本務——於道德則任何本務皆爲確定的——道德本務與法律義務之區别——本務與權利之範圍爲同等——有本務故有權利——有權利則本務隨之而生——國家存在之權利

第二節　功績行爲……二二四

人無自認功績之權利——學者與將軍之論爭——理論與實際

第三節　德之意義……二二八
蘇格拉底之德論——知德一致論——蘇氏之論有誤——亞里斯多德之德論——德爲善良行爲之習慣——德與熟練
第四節　克己之意志……二三二
克己意志爲養成道德必要之條件——有否定自我意態之時不成爲德——否定自我非最後目的——禁欲主義之誤謬——欲望之本身無善惡——欲望之善惡——病的欲望——欲望爲行爲必要之條件——道德上需要多趣味——多趣與調和——文藝家——道學家——理想的人格——青年男女之煩悶——國人之寡欲——殖欲爲活動吾人之興奮劑——良心主義之歸結
第五節　德之分類……二三九

倫理學

吉田敬致著
士向榮編譯

第一章 何謂倫理學

何謂倫理學？歷來學者，有以倫理學（Ethics）爲研究行爲之科學（Science of Conduct），稍進則有以爲研究行爲及品性之科學 Science of Conduct and Character），普通以此爲滿足之定義；不過依我所見，是項定義，尙多缺陷之點。至少在倫理學之意義上，不免有欠明確劃分之處。何則，研究行爲品性的科學，固有不屬於倫理學者。同是研究行爲，而著重於行爲之起原與其現象之事實的說明，與著重於行爲之善惡正邪價值的判斷，二者自難混爲一轍。

例之有瓶於此，有就其搏土，燒製，設色等事而爲事實的說明者，又有就其外形之美否，全體之調和當否，而爲價值的判斷者，二者之性質固自不同也。

就行爲言，於某種情態之下，與感情，觀念，欲望，意志等種種要素連結而成，就此行爲之本身，爲事實的研究，如何形成，是何現象，就此而爲說明之科學，爲心理學（Psychology）。至關於行爲善惡正邪之道德判斷的研究，與前述之就行爲爲事實的研究者，大異其趣。就此道德判斷與以說明的科學，即倫理學。

第一節　事實的科學與規範的科學

對於事實而爲研究說明，與夫對於事實而爲價値判斷者，全爲兩事。基此區別可分科學爲二種類：即事實的科學（Positive Science）與規範的科學（Normative Science）是也。事實的科學，即對事實而爲研究說明的科學也。例之行爲之始基，如何成立，如何時機，則有如何的表現，此對行爲一事而爲研究說明者也，推之對於物質運動而爲研究說明，——物理學——以及對於精神活動而爲研究說明，——心理學——總之爲事實的科學。至於規範的科學，乃就事實而爲善惡、正邪、美醜價值判斷的科學，不只研究說明已也。吾人關於日常種種之事，而爲種種之評價，必有所據之標準。與標準一致者爲善，反是爲惡，正邪美醜之評價同之。所謂規範（Norm）總之不外此標準而已。研究依據標準而爲價值判斷的科學，卽規範的科學。

試看梅花，依於土地、氣候、及培植方法，而所開之花，其花冠與蕊，是何狀態，有無香味，如此研究，卽植物學之屬於事實的科學者。又若此盆之梅，舞態蹁躚；彼園之梅，風姿綽約。如此品評，必有標準；依於所據標準而爲價值的判斷者，此非植物學而爲規範科學的美學，以其屬於形態美否價值判斷的科學，故特稱之爲美學。（Aesthetics）。

此外關於規範科學之可以示例者，爲論理學（logics）。論理學者，關於某事之爲眞理與否價値判斷的科學也。

如上所述，所謂規範的科學，隨在可以示例。其重要則爲倫理學。倫理學者，則於美醜評價、眞僞評價之外，而爲關於善惡正邪評價的科學也。

科學之種類有二，而倫理學則屬其中規範的科學，既已明瞭。是故就倫理學而下定義，如前所稱行爲的科學，與行爲及品性的科學，究之就行爲及品性爲事實的研究耶？抑爲規範的研究耶？殊屬含混。所以此等定義，終欠圓滿。對於行爲品性有爲事實的研究者，至於對行爲及品性爲規範研究的倫理學，不可不與事實的科學爲明確的區別，於此而下正確圓滿的定義爲必要。爲滿足此點，對於倫理學而試爲次之定義，卽倫理學者，論定具有社會性質之各個人的行爲及品性應當如何之科學也。

在此定義未爲定論之前，於拙著之倫理學講義，關於本科定義，有簡略之解說。卽倫理學者，論定各個人之意志動作應當如何之科學也。兩相比較，其區別即在品性社會兩詞有無之間。不過社會一詞，實質上無大關係。所以特別加入者・深恐一般聽者，直將單獨孤立的個人，而想像爲離去社會關係的個人。實則雖云個人，於眞義固無隔閡。其理由詳於後文，明乎此則社會性質一語，無特別加入之必要，茲不過爲避免誤解，附爲加入而已。此外品性一詞之加入，則有特別理由之存在。茲特詳述於次。

倫理學既爲規範的科學，申言之，即研究善惡正邪道德判斷的科學也。故倫理學之所研究者，當然爲受善惡正邪判斷之事項。不受道德的判斷，即不爲道德判斷之對象者，其不爲倫理學上之研究物可知。於是倫理學者，以其關於行爲品性而爲規範的研究・則行爲品性之爲道德判斷的對象爲當然。是故欲知何謂行爲及品性，自當明瞭吾人日常對於何者下道德的判斷爲宜。此當爲倫理學研究之初步。吾人果對何者而下道德的判斷乎？對於磁瓶能之乎？否否不然！此磁瓶爲非禮・非法・不能不問道德的責任・任何人不能爲是語。又如雨降風吹，日食雷鳴，一切自然現象，推之植物及人以外之動物，其不能問道德的責任亦同。惟人則由事機之適宜與否之點，雖時有善惡之褒貶，而與道德上之善惡正邪的判斷，其性質亦殊。何則，倫理學之所研究，其成爲道德判斷之對象者，則必限於人類之行動無疑也。雖然人類之行動，皆當受道德的判斷乎？是又不然。果如是說，則爲誤於速斷。例之學校生徒之旅行，當其跋涉長途，十分疲勞之後，旅店休息，飽後沈眠，此時多人密接而寢，其中以足而蹴他人之腹，或以手而毆他人之首者，當爲常事。然則此等之行動，爲身體疲勞之結果，起於生理之自然者，甯可不用蹴毆之詞，而以是爲無心之差爲得當。似蹴而實非蹴，似毆而實非毆，其蹴其毆，雖與一般人之行動無殊，而却不能謂爲道德判斷之對象。何則，是等之行動，行動者之本身，固有所不自知也。斯即爲無意識的動作（Unconscious action）。對於無意識動作而不予以道德判斷爲常事；斯等動作，亦即不能言善惡。然則人類之動作，不必皆受道德的判斷，是矣。準是以推，則意識的動作 Conscious action），皆當爲行爲乎？卽日常動作凡爲吾人意識之所及者，皆當受善惡正邪之道德的判斷乎？是又不然，意識的動作之中，有不爲道德判斷之對象者。例之氣息之呼吸，眼簾之開閉，是等作用，普通多出於不自覺；然而頗有自覺的營此作用者。吾之轉瞬，吾現在知之；諸君亦常有時自覺而轉其瞬者。於呼吸亦然。然則因其爲自覺之呼吸而謂之爲善人或惡人，因其爲自覺之轉瞬而謂其可褒或可貶，斷乎未有。卽此等動作，雖爲意識的，而若出於反射的自動的所爲，斯等動作，亦不能謂爲行爲。於是而何等動作可謂行爲之問題生焉，是必出於意志(Will)之動作無疑矣。意志之動作，卽在於此於彼商榷未定之際，樹立目的而決定實現之動作，簡言之，爲有意的動作(uoluntary action)，惟此始得成爲行爲，亦惟此始得受善惡正邪之判斷。是故如前所舉肺之呼吸作用，眼簾之開閉作用，以及自動的，反射的動作，其不當受道德的判斷，自不待言。於此有當說明者，卽當他人來前，爲故意的怒視，或爲長時間的斜視，此不出於反射的或自動的所爲，而爲有意志，有目的底開閉作用者。又呼吸作用，亦有不出於反射的，自動的，而當演說塲中故意咳嗽而試爲妨害，或者故意吹息於人而爲某種惡意之表現，皆以意志而左右其呼吸作用者。斯等意志動作，要皆成爲道德判斷的對象。是故以此理由而釋何等動作可謂道德行爲之疑問，當不外於意志決定之動作。卽所謂有意的動作也。或者以有意的動作，勿寧謂爲故意的動作爲宜。因爲有意的一語，似與有爲青年，有爲歲月等詞有混同之虞，故以故意的一語表之，或可免除誤解。

如前所述有意的動作，當爲道德判斷的對象；所以倫理學，謂爲研究行爲卽有意的動作之科學，實爲至當。然則倫理研究之對象，止於行爲足矣；何故特意加入品性一詞於定義中乎？某學者曰：道德判斷的對象，不能不歸於意志的動作是矣；實際固有不出於意志的動作，而亦得予以道德的判斷者。例之習慣卽癖性的動作，固無何等意志之存在；然而習慣的動作，不仍予以道德的判斷乎？有晏起之癖者，彼非故意決心而爲晏起，全成於習慣的，夢鄉穩臥，一覺已紅日三竿。此非出於意志的動作，然而世人對之，動輒以睡夫，墮民等不良之道德判斷加之；實則彼之朝寢，非出於意志決定之動作，卽非有意的動作。此與前述有意的動作，始爲道德判斷的對象，顯有矛盾之勢。於此當如何說明乎？某學者有如次之辨解：固然習慣的動作，爲一種不經意志的動作；然而一究其癖之由來，未有不由意志之力而成者。一旦成癖，雖無意志之存在，而其有意的動作之歷史，固有不能磨滅者在也。人誰生而爲睡夫墮民者？某人於某日偶爲晏起，其時精神甚爲舒適，因而翌日擬爲今日之晏起，以意志而爲之，積月累年，至於積重難返，終之而成爲癖。如是習慣之上，重以習慣，久之遂成爲自然晏起之勢。其終也，雖不出於意志，而一考其癖之由來，實爲意志行爲之結果，是以仍當予以道德的判斷也。似此對於晏起而爲道德的辨解，殊不失爲有條理有價值之說。不過以余所見，有未敢苟同者，卽關於解決前述矛盾之點，於行爲外有加入品性一詞之必要；倘以行爲品性，共爲道德判斷的對象，不難一釋前述矛盾之點。以晏起之癖言之，則此全爲習慣的，無些許意志之存在，所以不能爲道德判斷對象的行爲。然而爲斯動作之傾向，實品性使然，是品性自當爲道德判斷的對象。如是則品性與行爲，別爲二物而討論之，當爲適當之見。再申言之，有晏起之癖者，非有意而爲晏起，事實上世人對此無何深咎，不過偶爾與以普通批評而已。卽所謂睡夫隳民，不過以其遲遲寢床，而爲一時之嗟訝，未見有衆口交謫而爲過甚的吹求者。反之而其人平日勤於所業，夙夜從公，假令某日故意而爲晏起，於是衆口交謫，謂彼之起居，頓反常態，甚或以不情之責難加之；在彼亦以今日起居與素行不類，惟有默然忍受而已。爲是之故，不經意志而以習慣之結果而爲晏起，就其晏起動作之本身，道德上常置不論。然而若以意志而爲晏起，究不免爲品性之汚點。是故一方於晏起之事爲道德論之所不計；而於他方究竟爲品性之所不容。所以倫理學定義，只及行爲而略品性，爲欠圓滿。此番訂正定義，並列行爲品性兩詞，卽爲此也。

品性與行爲，雖然當各別爲論，而此兩者之間，亦有諸種之關係；若以在內之品性，盡表現而爲在外之行爲，則善良品性之人，不論如何必爲善良之行爲，邪惡品性之人，不論如何必爲邪惡之行爲，果爲此等之關係，則對於品性之道德的判斷，與對於行爲之道德的判斷，殊無別論之必要。然而徵之事實，殊不盡然。世間不少品性惡者，依於意志之强力，毅然奮發而爲善行爲。又品性善者，亦或由意志之不檢而偶爲惡行爲。是其所行依於其意志決定之如何，而行爲之道德性，與品性之道德性，其間遂生多少之差異。因之吾人行爲不常與品性爲一致，甚或趨於極端反對之方向；若非然者，則品性陶冶，恐終爲不可能之事矣。

舉一顯著之例，如孔子聖人也，從品性一面言之，實爲道德完成者，人格最上者；然而斯人，其爲嘉言懿行，在其人不過爲尋常茶飯之事，吾人於此若不爲特別的注意，則並不覺其爲豪舉而驚奇感歎，只視若等閑之事而已。斯即由行爲者本身言，並不認爲有特別價値之存在。是故對於孔子而下道德的判斷，只就前述之理由，以孔子所爲，未足喚起何等之注意，因而謂其人亦一凡民而已，甯非大差。實則如彼之嘉言懿行及一切中庸之道，而在人不驚奇感歎視爲等閒者，正孔子之道德品性所以適不可及者也。假令以我等平凡之人，而與孔子爲同一嘉言懿行者，而在一般必驚奇駭怪，以爲生平未曾有之創舉；即在彼之自身，亦以爲今茲之行，與平生之品性不類，只以一時之奮發與意志之努力，而始有以致此，斯即有意而爲的豪舉，猛烈活動的善行，在道德價値上，誠有可以敬重之點，因之道路宣傳，侈爲一時之美談；實則不過對於其人行爲之本身，與以一時的賞贊而已。而由品性一方觀之，斯人斯舉，殊不足爲眞正道德之明證。僅以創獲之善行，而輒來世人之驚歎與絕奬，適以形其未具行所無事之品性而已。品性者，不在形式，而在內容，不在一時，而在永久，徒以猛烈意志偶一奮發而爲善者，要不足與語此。所謂品性，即爲善者其人之自然的傾向也。以猛烈的意志奮發而爲善者，由品性言，殊無特別可稱之價値。要之對於行爲之判斷，與對於品性之判斷，當爲兩事；論人者而忽略此點，難稱允當。是卽爲偶發之善舉，喚起世人之注意，於是許爲偉人，歎爲盛事，而於其素日性行之不類者，不一措意，如是有不爲後世歷史家傳訛者耶！

不由行爲品性兩方衡人，難期允當，此當爲不可移易之眞理。誠然，就一般言，品行善，則行爲亦善，品性惡，則行爲亦惡，爲當然之事。實則個人所爲，以意志之力而逸出於品性之外者，往往而有。此事當於後章意志自由問題詳之。是故，行爲及品性，各當認爲道德判斷之對象。在斯等理由之下，於改訂之倫理學定義，特將各個人之行爲及品性，並列而等視之。如是卽不必如某學者於習慣的動作，强作有意的辨解，而亦可得調和的說明矣。

至是則品性一語，業已盡量說明，簡單言之，則品性者，卽有意的動作屢次往復而成之固定的習慣性，亦卽某種固定行動自然的傾向也。品性意義既明，前述何謂倫理學之問題，業已發揮無餘，今再就定義中行爲及品性應當如何（）下

ght to be）一語所用應當（Ought）之詞，一爲闡明其理由。倫理學研究如何（is）非第一要義。論定應當如何之科學，乃規範的科學之眞義。定義中所用應當之詞，亦卽顯示規範的科學之意。於科學有事實的規範的二種，而倫理學屬於後者，旣如前說。所云應當，卽事之不得不然者也。順此者爲正（Right）爲善（good），反之則爲惡爲邪。不過就事實科學之見地以觀，其說明行爲品性者，卽行爲品性之精神狀態爲何，就此而爲之說明。至關於勿謊言勿墮落之道德的判斷，爲規範科學的倫理學職分之所在。所云當如何及不當如何，其中必有依據之標準。定義中應當之詞，卽規範科學的倫理學眞義之所在。至於一般所稱行爲科學，與行爲及品性的科學，於未顯示其爲事實的及規範的性質之處，至是可得相當之補充。

第二節　個人與社會

個人（Individual）一語，依此而得區別倫理學與政治學（Politics）之意義。政治學亦論定人類行動之規範的科學，但與倫理學有特異之點。政治學者，研究人類社會的團體——精密言之則爲政治社會的團體——應當如何之科學也。卽政治社會如何構成，如何活動，對於是項團體活動而爲規範的研究，爲政治學主要之職分。倫理學雖爲關於人類行動之規範的研究，而此所謂人，乃爲各個人之當如何行爲，養如何品性，就此等個人應當如何之事而爲規範的研究也。誠然，古來學者，於倫理學爲廣義的解釋，不無包含政治意義之處；然而學問之研究，漸趨分業，因之倫理學與政治學之間，爲劃然的區別，自爲適當之見。

如前所述，倫理學爲就個人應當如何之事而爲研究，然則一言個人，或竟不顧社會的關係可乎？然而斷無是理。本來所謂個人，決非純粹的單獨孤立之謂。吾人之自身，本有社會的性質。具有社會性質之各個人，對於所屬團體當如何，再進對於其本身當如何，如是個人有種種方面之關係，決不當以單獨孤立之意義視之。只以論究吾人處世之道，爲與團體字義示區別，所以斟酌而用此語。且囘溯過去數千年之歷史，幾何而見純粹孤立的個人，要皆受種種社會的影響，而始成就其個人之精神與體力。縱令有所謂仙人隱士者，當其退隱林泉，一若與世無求，而亦不能與社會絕緣。其在退隱之前，由社會所得之思想，固完全存在；即其退隱之際，亦非完全取足於所在地之產物，而其思想，其感情，早已隨自身之行動而與社會有不絕之緣。況乎其時而若讀書史，看新聞，則亦明明與社會有交際者。曾有幾人面壁十年而與他人一無關係耶？

吾人依於種種方便，而與社會之人人爲交際，其重要之工具在語言。語言非第調弄口舌而已；有形爲文字者，亦有訴諸觸覺者，依於是等方便，而思想之傳達交換以成。由是以觀，固無離去社會而單獨孤立個人之存在者。是故吾人之身體及精神，其有絕大的價值，亦爲社會的性質而然。

茲事詳悉言之，讓於後文，姑舉一例，何故人而不肯輕死乎？何故一面厭生而又一面戀生乎？其間必有不肯輕死之理由在。環顧家庭，有其雙親，有其愛妻，有其繞膝之兒女，於社會有相當之地位名譽及財產，一旦拋擲一切而猝然就死，爲如何之遺憾。只就前述之理由思之，自己之身心，雖然只爲自己本身之事，實則由前述之關係而形成自我之內容。自我之內容，謂爲社會的性質亦宜。對於社會之關係，對於國家之關係，近之對於朋友，家族，以及財產名譽之關係，總之爲自我之內容。爲有如是之內容，所以不肯輕於就死。假設無前述社會的內容，則以孤獨一身之索然寡趣，而以一死捐生，亦在常人意計之中。然而其不肯輕死者，以有社會的內容故也。斯卽吾人一身，相當價値之所在。人能明瞭此理，則益感吾人身心關係之重大，誠有不當輕於自待者。斯卽定義中加入社會性質一語之理由也。至於個人與社會，是一非二，其理由當詳於後文，茲姑繼此而述倫理學與科學的關係。

第三節　科學的倫理學

科學者 Science）何，此則倫理學定義之全部，應當明析之事。前於倫理學講義曾有明白之規定，茲記述其重要之三條件：第一觀察，第二分類，第三說明；而說明則爲科學定義重要之條件。

觀察，分類二者，無特別解釋之必要。簡單言之，觀察（Observation）云者，關於科學研究之對象，而精密調查之謂也。於倫理學，其可資爲道德判斷者，不論某時，某地，往古如何，近今如何等事，一一須有精密之觀察。分類（Classification）云者，觀察此等道德的判斷，在諸多之種類中，從其性質區別及異同關係而一一類別之謂也。二者均不過爲說明之準備而已。然則說明(Explanation）之事如何？此殊難以一言盡之。

宇宙間之事物，决非無意義無秩序的存在，種種現象，互相關係而爲組織的體系（Organic system）。例之天文學之爲科學，而所研究之天體，即日月星辰作成全體之一體系。物理學所研究之物質運動，與心理學所研究之精神現象同之；决非無秩序無意義的混沌世界，而各組織爲一體系者也。各科學之對象，無論何種，皆各形成爲一體系；宇宙全體，亦一體系的組織。易言之，宇宙之大體系中，有所謂物質界，精神界，動物，植物，以及人類各界之諸多體系團，而其相互間有極密接之關係。在其所成之一體系中，若一部分有變化時，其他部分蒙其影響，亦連帶而生變化。例之吾人之身體，爲一體系的組織。假令吾身此時感冒風邪，而其所呈風邪之現象，非止鼻孔喉頭，呈其異狀；即血液循環，消化呼吸等器官，以及身體全部，無不連帶而生變態。如是則體系者爲一全體之完整的（Whole），而於其間一一爲秩序的統屬，總之爲有組織的全體而已；决非種種色色爲自由散漫的集合。是故所謂說明者，爲講明某事所屬之體系，即由全體之上說明某事所起之必然的理由也。

例之說明天體運行的科學爲天文學，是不僅就天體之運動，爲觀察分類而已，必更進而爲體系的說明。例之日蝕現象的說明，此決非一般所云人君失政，衆庶作惡，以致上帝垂象示警之故。天文學者之言曰：所謂天體，有一定之組織，其組織中有太陽系統，此由以太陽爲中心而迴轉其周圍之地球與其他遊星組織爲一體系。而迴轉地球之周圍者有月，月猶地球之直屬官吏，由太陽視之，則爲陪從，有此關係而太陽系統以成，無間日夜運行不息。其動也，基於引力之法則，而依一定之速力，一定之軌道行之。有時月球行於地球太陽之間，適成爲一直線，於時由地球望太陽，則爲月球之陰影所掩，斯即所謂日蝕之現象。講明太陽系統之組織全體上而日蝕現象不得不起之理由，始可謂爲日蝕現象的說明。又如日出之現象，非如鄉村婦孺所傳雞鳴則出，浴海而升之謬見。是由太陽系統全體組織上，地球由西向東迴轉，不向太陽之某部，漸漸迴轉而向於太陽，其時即所謂日出之現象。此由太陽系統全體組織上，說明日出現象不得不起之理由，斯爲眞正之說明。

由是以觀，所謂說明者，總之由某事所屬之體系，而說明其不得不起之理由也。有如斯之說明，而科學之職分始全；否則不能成立爲科學。固然觀察分類爲成立科學必要之條件，然而只此不足以盡科學之全功；此與畫龍而不點睛之義同也。觀察分類爲門，而說明爲其堂奧；如是科學之本義，可得充分的了解，再進而述倫理學之地位。

倫理學成立於科學之上，不能不有待於說明。若不就道德判斷予以體系的說明，則不得爲科學的倫理學。依於神的命令之故，而認某非爲善，某事當爲者，是謂神學的倫理學，而不得爲科學的倫理學，然則科學的倫理學如何可得成立乎？人類社會爲一體系的組織，吾人又爲社會生活（Social life）之有機的存在物。自有人類以來，發展至今，尙向將來繼續發展而營社會生活者也。社會生活爲一大體系，決非無意義無秩序的混沌體；此與吾人之身體爲一有組織之全體同。人類社會，爲一有規律有秩序之全體也。其間相互之關係，至爲複雜，因而教忠教孝，無詐無僞，種種道德規律存在於其間。在人類社會有組織之全體上，忠孝何故爲善，與詐僞何故爲惡，是皆道德判斷所當說明也。依於如斯之說明，而科學的倫理學始得成立。若只由神之命令，佛之信仰，解釋道德的判斷，此與上帝示警，海浴雞鳴，解釋天象爲同義，不足與言科學的倫理學也。

倫理學爲科學的，其如何意義，由前所述，大體可以明瞭。如是則倫理學之爲科學，與物理天文等學之爲科學，其義同也。或有疑者，謂夫立標準而爲價值判斷研究之規範的科學，與自然科學、(事實的科學)之性質迥異。研究自然現象的科學，自然方面，有何生起之現象，其存在之狀態如何，就此歸納概括，而見出其共通的性質，科學之能事已完。然而規範的科學，即其代表之一的倫理學，所云當爲與不當爲之道德的規範，決非止於歸納的發明也。例之希臘古代以斯事爲善，彼事爲惡，中國古代以斯事爲善，彼事爲惡，中世如何，近世如何，旁搜博覽，歸納考見其共通的性質。而此不過考見過去人類的共通點，究之不能樹立人類不得不然之普遍的規範。規範者，非成立於科學的，而成立於哲學的。此自然科學與規範科學根本違反之一說也。吾之所見則異於是。科學者，非只由歸納的方法而得成立；引力法則之發明，即其例也。誠然依於引力而物質運動，可爲適宜之說明。然而觀察歸納種種從古至今之物質運動，而即發明所謂引力之法則，斷無是理。孩童玩具輕氣泡之上升，物之輕者上浮，重者下沈，風者吹向較低氣壓之處，歸納概括是項運動之結果　而物質學者，即此能得運動理由的發見乎？是未必然。物質之運動，至於依引力法則而爲說明時，則已屬於歸納法以上之斷定。即引力之法則，乃牛頓（Newton）於物質運動說明上所爲理想的斷定也。無引力，則是項運動之理由不可知，而此引力法則之成立，槪由學者之理想假定而來，不只憑歸納結果而得之也。至於規範的科學，考慮古今道德判斷之已事，亦得據之以下理想的斷定。牛頓之立引力法則，與倫理學者之立道德規範，其性質殊無二致。委實言之，雖在自然科學，亦與規範科學同一有需歸納以上之哲學的要素也。無歸納以上之說明，則嚴密意義的科學不能成立。無論爲物理學，爲天文學，皆有待於歸納以上之說明而日臻發達。何則，希臘時代水之活動，與今日水之活動無殊，而物理學之研究，希臘時代與今日則大異其趣。學者理想的斷定不同故也。由今日以察將來，變更引力之法則，而爲物質界之新說明，皆意中事，（安斯坦相對論即其一證）。理想斷定之進步，即科學之進步，事實不變，而說明之方法則與時俱變也。明乎此則所謂科學，當不僅在觀察分類歸納的方面，必更基諸一家理想之見地而爲說明，斯即科學之爲科學的理由也。於此點則事實的科學與規範的科學之地位同，不過研究之事項各異。物理學者，以研究物質之運動爲目的，天文學者，以研究天體之運行爲目的，而倫理學者則以道德判斷，即對於行爲品性之善惡正邪的判斷爲研究之對象。其相異之點，止此而已。蓋一方爲自然的科學（事實的科學），一方爲規範的科學；至於形式方面，研究方法與研究態度則同也。是故科學一語，於物理天文等學援用之意味，與倫理學之援用同。所謂科學的意義，於茲解釋已了。茲再復述最初所揭倫理學之定義：倫理學者，論定具有社會性質之各個人的行爲及品性應當如何之科學也。如前各節之說明，文義如無隔閡，則今所揭倫理學定義之內容，亦當釋然。以上何謂倫理學之問題，業經解釋終了。至於品性及社會性質之說明未盡之處，當於後文依次詳之。

第二章　倫理學與哲學

如前所述，道德判斷之對象，爲行爲及品性，而行爲即意志的動作。申言之，即決定何去何從之目的而實現之行動也。是故屢屢往復某種行爲及意志活動，於此形成固定的意志習慣而品性立焉。然則意志活動一語，於倫理學上占極重要之位置，益爲顯著。意志活動之問題，爲倫理學上極重要之問題，同時又爲極困難之問題。今試就此問題而一爲討論。

關於意志活動之第一問題：即意志活動之爲自由耶？抑非自由而爲必然耶？此相反之兩說也。所謂必然（Necessity）者，簡單言之，如雪降河流諸種活動，皆必然的活動也。空中之水蒸氣，因寒而爲必然之凝結、落於地上，爲雪之降。又河之流爲重力性必然之結果，即地球之引力作用必然的結果而就下者。總之雪降河流，非其自己意志決定之行動，乃事實之因果相生，不得不得然者也。

是故凡屬必然的活動者，即不得爲意志之自由（Freedom）。反之所謂自由者，其活動，即其自己決定之事。例之余之編撰倫理學講義，爲自由動作。蓋由自己樹立是項目的而決定實現之者也。此與雪降河流，不能同一視之，而爲另一之活動。總之此不過爲簡單解釋自由必然之意義，而於此有大問題焉。

吾人之意志。果爲自由耶否耶？雪降河流，誠爲必然，吾人之意志，不亦有種種原因之必然的結果，一如自然現象之不得不然者耶？是即一大論點之所在，有不得不詳悉討究者也。

第一節　意志自由論與意志必然論

由上所述之論點，而有意志自由與意志必然兩說之對峙。意志自由論，英語爲（Indeterminism）或（Libertarianism）。意志必然論，英語爲（Determinism）或（Necessitarianism）。此兩說間之論爭，夙爲哲學上之大問題。是故於倫理學皆通講話，雖以不涉及哲學問題爲宜，而若接觸於哲學問題，不一考究而求解決，則隔靴搔癢，殊不足以滿求知的慾望，所以參入必要程度之哲學問題而一考察研究之爲宜。

哲學上有所謂宇宙本體——實在——爲何之大問題。或者以其本體爲物質的，反乎此者，又以本體爲精神的。換言之，即唯物論（Materialism）與唯心論（Idealism）兩派之對立也。其他則多出入於兩派之間。主張唯物論之哲學者，則唱意志必然論。有物質而爲種種之運動，或合或離，於以惹起宇宙種種之現象。雪降河流，皆爲物質運動之結果。即我等之意志活動，亦爲物質運動必然的結果而無例外。總之以物質運動說明一切，此爲唯物論者之主張必然之見也。唯心論者反之，宇宙所有事物之根元爲心（Mind），心爲唯一之實在（Reality）物質之活動，總之不出心之觀念之外。心爲本，宇宙之萬物，皆由心起。所謂心者，決定自己追求之目的期其實現之精神的作用也。如斯心之活動爲其原因，而種種之活動以起。是故由唯心論觀之，意志活動之心的作用，不當認爲必然的結果，卽非被支配於機械必然的法則，而爲一種目的實現的活動。稱斯意義，爲自由活動。由唯心論之見地觀之，則當爲捨意志必然論而採意志自由論者。如是則意志之爲自由耶？或必然耶？此與哲學上之解釋，有密接之關係。然則欲期根柢的解決，其不能不涉及哲學問題明矣。

第二節　關於意志自由康德及細鳩維克之見

吾於意志自由一語，因而想起康德（Kant）之意志自由論。康德之言曰：人間既有此善彼惡，或甲賢乙否之道德事項，所以不能不認許意志自由活動的假定。不認意志之自由，則道德事項不能成立。於斯點，康德之說是矣。雪降河流，是等活動，不能問道德的責任。雪與河無意志的自由故也。若雪而有意志的自由，今日者吾其雨茲！否否，吾將去之！彼村居民，平素怠於所業，何不大施鵝威以示警！果如是者，則雪之降爲有自由的意志，對於其雪而下道德的判斷，豈非允當；然而雪無如是之自由意志，而以必然之結果降下者也。若人而亦爲必然結果的活動，則於此而問道德的責任，豈非無理之尤者。實則人類道德的行動，亦既成爲事實，則認許意志活動之爲自由，自屬當然之事。至此，則自由與道德，其間遂生密接之關係。是故認許自由與否，與意志之果爲自由與否，則即關涉於道德事實之有無，若無事實的自由，則日常所謂道德的意義，不能成立。直言之，不過爲迷妄爲幻想而已。此外有爲模稜之解釋者，英哲細鳩維克(Sidgwick)之言曰：意志者，實際爲自由耶？或非自由而爲必然耶？是等議論，皆爲無益之論爭。本來在事實上自由與否極屬含混；而究之於今日之我，無何等之關係。以我所思，吾人於爲某種行爲之際，但使自身有自由行動的意識，則道德的意義，即充分成立。申言之，即得爲某種行爲以外之事，然而不爲彼而爲此，可以爲善，亦可以爲惡，然而不爲惡而爲善，似此成爲行爲者自身之自由的意識，則道德的事實，卽可得充分的說明。實際則不論爲必然，爲自由，而皆在此問題之外者也。是說也，扼定自由活動的意識，爲避困難之點，而實則陷於淺薄的思考之虞。誠如所說，人間事實，可能與以道德的意義，而此意義，爲眞的實有耶？抑爲幻想的虛構耶？殊無明白之解釋。細鳩維克之言曰：道德意味，不當問其產生的由來，無論歷史如何，亦無論生來之根據如何，但就現在之事實，觀其善惡之固定形式爲已足。至於過去之歷史及起源的解釋，縱有幾許之變遷，而於現在善惡之價値，則無毫末之影響。由斯論推之，則事實上意志之活動，無論其爲必然的結果，抑爲自由的决定，蓋無往不宜也。以吾之見，道德上事之善惡，既有存在的眞相。而其善惡之理由，與善惡之意義，一視意志活動之爲自由與必然而大異其趣。且爲善爲惡，其深淺之程度，與其眞妄之實質，則又依哲學之解釋，而種種之見解始分。譬之違背現行法律，則有徒刑罰金各種之規定。此等法律之所從生，其根柢如何，與其發展之徑路如何，則因學者之說明而異。以是法律之根本解釋有差，則由此而生之科刑之輕重，及罰金之多少，其差異夫豈待言。道德問題亦然。細鳩維克謂過去事實，於現在道德價値，無少變遷，稍一思之似是，實則道德本身之意味，一視哲學的斷定如何，遂生極大之差異。是故由某種之哲學觀，則道德爲事體實有者，而依他種之哲學觀，則道德又爲幻想虛構者。道德意義，依於哲學之解釋而變，固毫無可疑者也。所以道德問題，欲求根柢的解決，自當涉入哲學的問題。細鳩維克欲避困難，而其持論致涉曖昧模稜之嫌，斯固無能爲諱者也。

如上所述，康德者，以道德爲基礎，而既承認道德的事實，遂不能不承認意志的自由。是說也，其使道德爲實有，誠爲妙論。不過康德之所謂自由，非直接的說明意志的自由，只爲間接的證明而已。最強之證明，應捨間接的方法，直接說明自由的眞義。是項自由，則於說明道德事實爲宜。道德者，非幻想虛構，而爲眞實存在者也。然則認許眞理的意志自由，同時於實踐方面，亦爲最便宜之事。不作成適於實踐方面的眞理，則事機雖巧而不成爲眞理，或成爲眞理而不適於事機，合眞理與事機而兩較之，其斯爲適當之說明乎。

是故依我之見，關於意志自由，不採康德證明的方法；又避細鳩維克之曖昧模稜論，而取直接證明的方法，漸漸涉入稍深的議論。

從問題的初步言之，凡欲說明宇宙的現象，不外兩種方法。一由外部觀察的方法，亦曰外觀(External observation)。一由內部觀察的方法，亦曰內省(Introspection)。例之几上有瓶，爲瓶外之觀察者，此瓶何形，重量若何，色態若何，似此解說，卽爲外部的觀察法。而內省法，則直接省察自己精神活動的作用也。

是故說明宇宙現象，因其方法不同，其間遂生極大之差異。從外部的觀察法，爲唯物論。唯物論者，乃外部觀察法當然之結果。反是從內部的觀察時，則爲唯心論之所由生。然則依據何種觀察法，爲正當可信乎？

唯物論者，所最信賴之經驗，則由感官所得外界之知覺。此於吾人之經驗蓋認爲最確者。不知有爲最直接的經驗者，卽自身之心的作用是。心的作用，卽思維，想像，各種意態發動之過程。此於吾人之經驗爲直接的。外界之知覺，則爲間接的。是故爲闡明眞理之正當切要計，固不能舍內省法而他求矣。

由外部的觀察說明宇宙現象之時，其結果種種事務之變化活動，但使分別部類，妥爲整理，卽此已竟說明之全功。至其活動的本身，爲如何趣旨，如何意義，則非外部的觀察所得想像而出。內省法之說明，則與此異。以何機緣而動其身體，或以何目的而搆其思想，一切悉諸自身之省察得之。而心的作用之根據爲何，卽爲其觀察之基礎。此時之企圖，卽考見其某種之意義趣旨也。是故由內省法以說明宇宙，自與外部的觀察有差。卽不是觀察整理外部現象的活動爲滿足；必更進而求得其潛在的意味與其究竟的目的而後快。此則內部觀察者之所自喻，而不可爲外部觀察者道也。

舉例言之，假令有過某門而聞其廣廳有彈琴者。此時行者關於琴聲所得之經驗，不過音響的變化而已。倘此時有造訪其廬而入其廣庭者，則現在彈琴女郎之狀態，直接得諸目覩之間。即此時所知者，其人之如何動手，如何按譜，而爲適當之彈奏，較之過門聽者所知爲多；然亦止此而已。試一廻顧彈琴女郎之自身，其知的程度爲如何耶？不待言音樂的變化知之，如何動手，如何按譜亦知之，更進而彈琴者自身之懷抱，則惟彈琴女郎之自覺，外部觀察者，則固不足與語此也。

然則說明宇宙之現象，外部的觀察者，恰如過門聽琴之僅能說明其音響的變化而已。若進其廣庭，則亦不過由目覩而說明其動手彈琴之過程，此外則非所知。由內省法，則直接可探得其目的之所在，恰如不只知彈琴者之歷程，更進而默契自身之懷抱。外部觀察者與彈琴者之自身，只就彈奏一事，而其辨別之深淺，已有霄壤之差。然則由內省法以說明宇宙，較之外部觀察，可謂得深本源矣。

我則以直接省察內部經驗爲最信賴的方法，又其說明深得本源，不似外部觀察之只在迹象。從此點言，則唯心論者之見，自當較唯物論者爲正當。假令只以整理外部現象之活動爲滿足，則照唯物論之見地，應無隔閡；倘進一步而以根本解釋爲目的，則誠有不能不排斥唯物論之勢。我則本哲學之見地而取唯心論，而唯心論之中，又有種種之異解，是不可不一一言之。

唯物論，對於宇宙現象爲機械的（Mechanical）說明。而唯心論，則由心的原理自立目的而自實現之，是非機械的，而爲有目的有企畫的活動，於哲學爲目的論（Teleological）。要之說明宇宙現象有目的論與機械論，而捨機械說明之唯物論，採目的說明之唯心論，其理由既如上述。若以斯說爲正當，則意志自由論之成立，自爲當然之結果。以心爲本，決定爲目的實現的活動，則已成立自由活動的原理，其爲認許意志之自由，自不待言。意志既爲自由，則道德事項之爲實有，而非幻想虛搆之爲可證明矣。康德以道德既爲實有，故不可不承認意志之自由，似此顛倒間接的說。論旨甚不充足。余則唯心論爲最正當之說，學者果首肯此說，則道德之爲實有，自有其強力的根據，此則余立說之微意也。

第三節　絕對的唯心論與人格的唯心論

關於意志自由問題，既然涉及稍深之議論，自不能不再略述與此有關係之事。如前所述，採用較可信賴之唯心論；而唯心論之中，大別之有二種類。余之主張，究將何屬，有一申明之必要。唯心論之二種類爲何？即絕對的唯心論（Absolute idealism）與人格的唯心論（Personal idealism）是也。或者以神本主義及人本主義二者當之。絕對的唯心論，以神爲絕對的存在物，即以絕對的精神爲主，說明宇宙的哲學觀，蓋以絕對的精神設定目的而實現之，人類之活動，與其他萬物作用，要皆以此爲之基。雖曰以心爲本，而此心即神之心。是以絕對者（神）之心爲本的目的論。換言之，即神立目的而實現之，並決定而爲自由的活動，從其自由活動而爲宇宙所有之現象，如是之說明，即所謂絕對的唯心論。

反之而人格的唯心論，則以人之心爲本，說明宇宙的萬象。人心之自由決定，爲一切活動之本，而並爲宇宙現象之根柢。蓋只以人心爲實在，人心以外，一切皆在否認之數。如是一切事物而以人格說明之，不認超絕人格之存在。此與絕對唯心論以超絕人格爲歸宿，大異其趣。斯卽唯心論種類之大別也。英哲格林（Green）爲主張絕對唯心論者。余初亦主張絕對的唯心論，其後則漸漸研究，排斥絕對的唯心論，而主張人格的唯心論。

如前所言，內省法直接以自身經驗之精神作用爲主，而自心以外之事，未有如自心以內之易於察覺者。況乎超絕人格之神的心，究竟非我心之所得想像而出。誠然，吾人有懷抱神之思想者，然此不過爲人爲的揣測，而於神之本體無與，因之不能認神的心爲實在。宇宙萬象，除以此心之活動說明之無他道。吾人無創立超乎此心實在之權能，而依此人本主義，充分說明宇宙及人生，則固能力之可及者也。

吾人直接確知某物某事，爲自己之心的作用，亦爲自我（Self）之人格使然。然而人格不只爲自己所有，而於此有最多數之人格，實則自己直接確切經驗之唯一實在，惟有自己之人格。吾人由類推法（Analogy）得以認知多數之人格。此多數之人格，非單獨孤立的存在，可假定爲社會的生活。無論何等哲學，要有某種之假定。例之絕對的唯心論，則假定有神之存在，又如唯物論，則假定物質之實在，究竟物之實在與否，一如神之實在與否，爲同一不解之謎。不過吾人各自人格之存在，較之物質及神之存在爲確實。人格之存在，乃自證的認知者也。吾人自己之精神，有自知自覺的作用，所以各自人格之存在，爲最明確；至於自身以外人格之存在，非自證的直接經驗之事，只爲一種社會生活的假定。但使認許此假定，則以此而說明一切之事，即綽有餘裕。如是而有爲反對論者曰：所謂社會的生活，誰實爲之？若一究及此等之原因，則除立所謂神之說者無他道。是說也，爲說明社會生活之假定，而更加一困難的神之假定，即爲說明一疑問，而更生出最大的疑問，如是則其說明恐無盡期，於神之上不能不另挾一神而來。總之以某種之假定爲必要，省去可省之假定，而採用最可信賴的假定，此於思想最爲經濟之事。若以人格爲基礎，而此多數之人格，假定爲社會的生活，既使利於說明，而亦爲比較可信的眞理。如是以人類之心爲本，而不假借超絕人類之神的心，此當爲人格唯心論之哲學觀的主旨。

由絕對唯心論與人格唯心論之差異，而其結論如何，當詳述於後文，玆先述其道德意義之關係。不依人格唯心論，則對人類之行爲及品性，不能下道德的判斷。何則，吾人之自身，關於行爲品性之責任，惟由人格唯心論而始得相當的証明。人格的唯心論，以人類之心爲一切活動之原動力。因之人類之行爲品性，依於人類自身之自由決定而生，其受道德的判斷宜也。絕對的唯心論者，以爲宇宙萬象，其自物及人一切之活動，概基於神之心，由神立定目的而實現之者也。是故人類之行動，神之自身爲有責任者，而不成爲人之責任。吾人爲如何之行爲，有如何之品性，實則非吾人之自爲，而有絕對的精神即所謂神者爲起動原因。是故就此而下道德的判斷，則惟神負其責，人不過默然聽之而已。絕對的唯心論者，從人類界奪取道德的意義，說明道德的現象，殊非允當。是則絕對唯心論與唯物論，關於人類行動道德意義之一點，其結果同也。人格唯心論，乃使人類道德意義成爲可能之唯一的哲學觀。唯物論與絕對的唯心論則否，二者，一則爲機械論，一則爲目的論。唯物論，其缺在不能說明道德的責任。絕對唯心論，雖可得說明之，而責任所在，不過仍歸宿於冥冥之神而已。雖曰有責任者，而人類道德的意義，不能得澈底的證明，與唯物論之歸宿同也。

要之說明宇宙之現象，有以精神爲本之唯心論，與以物質爲本之唯物論。而以精神爲本之唯心論中，又有以神爲本之絕對的唯心論，或云神本主義，與以人爲本之人格唯心論。余則以人格唯心論爲較近眞理，而於說明道德，亦有最强的根據。人格唯心論，以人爲本，此人本主義得名之由來也。

就人格唯心論卽人本主義言之，其說簡單，不難得充分的了解。然則依此主義，而吾人之心爲一切現象之根荄，持此以定一切現象之意義，並以此爲萬物之說明者，如是則事物之存在爲可能。例之於茲有瓶，此物離我之心，決不存在。蓋瓶之重量若何，色態若何，皆非此瓶本身之性質，而爲一般之心所下的解釋；無解釋者一般之心，則卽無此重量，無此色態矣。人間事務，未有離主觀（Subject）的關係，而能得純粹客觀的（Objective）存在者。蓋必俟主觀之說明與解釋，而始得形成其意義，並證實其存在也。如是者爲人格的唯心論之說。

試一反省吾人之心，常有種種不同意味的解釋。余嘗在津參觀某勸業場，種種商品，陳列繁夥。此勸業場乃以前之再三參觀者也，然而此番參觀後，覺有異樣之感；卽其時兒童玩物，五光十色，耀入眼簾，似若出於意想之外者。細一思之，此中殆有絕大的理由。蓋此時之我，新具一爲父之資格，在此次入場之前，寧馨兒已呱呱降臨我家矣。其前之再三入場，雖有種種玩物，均漠然置之，而自爲人父之後，不久入場而遂注意於種種玩物之陳列，一若此時之勸業場，成爲兒童玩物之勸業場也者。如何而有如是不同意味之勸業場，一視解釋者之心理變遷而已。解釋者之心理變，則勸業場自體的性質，亦隨之而變。歸女入之，則見爲錦繡繽紛之勸業場，兒童入之，則見爲糖果充斥之勸業場；此皆依於入場者之心理而生之差異也。明乎此則客觀事物之存在，依於主觀之解釋，始得成立，不俟煩言而解矣。

第四節　主觀與客觀

如前所述簡單之問題，再爲進一步之深究，頗有難於說明者。何言之，假設凡有事物之存在，爲心理作用使然，則無心理作用之時，即無凡百之事物。以瓶言之，我意有瓶，則有此瓶之存在，反是則我意無瓶，同時此瓶亦必消滅，然而此瓶果爲消滅乎？心不論有如何之變，而瓶之本身，則依然存在也。即主觀不論有如何之變，而瓶之客觀不變也。唯心論者於此，謂爲客觀之存在，乃主觀所使然，如何說明，是則爲一大難題。破此難關，需要深切的說明。於此不可先講明主觀（Subject）與客觀（Object）的意義。主觀者，卽我之自身，客觀者，我以外凡與我爲對立者是也。主觀爲認識者，而客觀爲被認識者。若謂客觀事物，爲有主觀而存在，則主觀之活動停止時，有如人當熟睡，氣絕，死亡之時，則此瓶亦常爲一時入於熟睡，氣絕，死亡之狀態，心復蘇時，則此瓶再被認識，失其生機，則又歸消滅，然而誰其信之？此不得不爲最費考慮之問題。

客觀物之存在，基於主觀之思索，不待詳言。吾人各自之主觀，卽心者，如前所述爲社會的生活，繼續長歲月間代代生活而發展至於今日者也。在此互相感化融合，由遺傳與經驗長久發展期間，我等之精神，爲種種之活動，由此種種精神活動，因之而生種種的存在物。在此種種精神活動內，有時時往復同樣的活動者，是項活動，久之則成爲某種固定的習慣，有不能改移之勢。吾人一生，頗有不易矯正之習癖，有如穿鼻，稍不經心，則頻頻爲之，卽此殆已成爲一時精神之力不能改移的事實。此習慣，爲無意識的活動，而又爲長久的社會生活互相感化影響之結果，亘千萬人而一致者也。我之精神，與我以外之多數人的精神，其爲習慣的活動亦然。此卽某種固定的精神作用，爲千萬人所同不可移易之由來也。

於此有壺及桌椅等客觀物，如前所述，則爲起於習慣的固定的亘千萬人所同之精神作用，而現在一時之精神作用不能移易者也。換言之，則本諸過去社會生活養成之固定習慣的精神作用，而至成爲壺及桌椅等客觀之存在，不因一時主觀如何而爲之左右也。某種習癖，在非本心之所願，而不得不然的部分，卽爲習慣，具斯意味，卽爲客觀，而有抵抗現在瞬間主觀活動的作用。以瓶言之，吾意中之瓶，以吾之失其生機而歸於無，而究之非眞無，卽抵抗於現在一時主觀的活動而自爲存在。是故由現在的主觀看，若與主觀無關係，而非絕對的與吾人之心無關係，此卽客觀的事體，抵抗於今之主觀，而仍爲吾心之活動而來。所以然者，在心的活動中某種事體，於長時間往復同樣的活動，成爲習慣，而且爲社會的性質，作成互千萬人所同的習慣。是故我一人於一時間意爲無者而實非無，我一人眠後，或我一人氣絕後，而我以外之人則認爲存在，職是故也。而亦有大反乎此者，例之有患精神病及熱狂者，一般認爲桌上有瓶，而彼則不以爲瓶，或一般認爲一物不具之處，而彼則强認某物之存在，此於熱病者之囈語可得實驗者也。如斯熱狂及精神病者，其人一時主觀之勢力，達於非常的强度，而有打勝過去固定的習慣的精神作用之勢。不過此爲特別之例，普通則一時主觀的活動，仍不足以搖動客觀物的存在。如上所言，我等之心，因爲營長時間的社會生活，故能相互交換思想感情，作成同樣的感想，因之而有共通的內容。是故我意所認爲瓶，一般之人亦皆認爲瓶，我意所謂瓶色是白，一般之人亦皆認爲白，然而亦不盡同，同者白之名稱，實則依於名稱而顯現白之本相——各直人接感受之色——究有多少之差異。即以瓶言，在我依於瓶的名稱所曾體會之事，果如諸君之所體會乎？

是未必然。又如現時我以左右兩眼而視同形同色之物，終有正側深淺之差，只以不曾留意及此，故見爲同耳，其實則有異也。況乎以諸君與我兩人之眼觀之，其差異自不待言。惟其差異之點，難以比較，無可資比較之共通感覺故也。總之物不盡同，而大體爲共通的活動。以其營社會的生活，而有共通的性質，故大體均爲一致。是故所謂客觀的存在物，仍爲依於吾人的主觀而存在也。

對於我的主觀而現時存在之瓶，即我之精神作用使然。又諸君所認之瓶，亦諸君精神作用之活動使然。我之心與諸君之心，依於過去之歷史而有共通的內容。所以對於諸君現存之瓶，雖爲諸君之心所作成，決非離去諸君之心，而瓶之本體即失其存在。是故爲萬人所共認之瓶，若只認爲依我而存在之瓶，則大差。對於各人而有各個特別性質之瓶，決非在各人之瓶以外而有單體之瓶。於瓶固然，宇宙萬物亦何獨不然。對我顯現之宇宙，我心之所認也。對於諸君顯現之宇宙，亦諸君之所認也。是故宇宙爲對於人人之宇宙，非離去人人而有單一之宇宙。雖然吾人各自之心，從過去爲社會生活以來，相互而有共通的內容，其性質爲大同而小異，所以對於吾人顯現之宇宙，其性質亦爲大同小異，而不能謂爲全同。

吾人之心又積種種之經驗，爲種種之活動而時時邁進。昨日之心與今日之心，以有多少之差，而以昨日所認之宇宙，爲現於今日之宇宙則大非。最難分明者，則爲客觀物的本體差異之點。總之今後我等之精神，漸漸向理想而發展邁進，同時對於吾人顯現之宇宙，亦爲漸漸發展而有日進無疆之勢。假定在完全發展之時機，吾人之心成爲完全無缺之心，於時則盡人而皆同此完全無缺之狀態，如是則對於完全同心而顯現之宇宙，當然爲對我對人，皆有同而無異，斯卽成爲完全無缺理想的宇宙。然而如斯宇宙認爲遲早實現者，實則不過空想而已。於現實，則大同小異的各個之心，與大同小異之宇宙，均爲事實之所不能否認者也。

關於此點，再將絕對的唯心論之見，一爲引證而對觀之。格林者，以爲吾人之心，實則爲絕對的精神——神之心——部分的顯現。人心爲神之心的一部分，即完全的神之心形成爲不完全的有限的部分。此不完全有限部分的人之心，漸漸企求理想而日臻發展，則成爲完全無缺的人之心，而與神之心爲一致。對此完全絕對的神之心所形成的宇宙，爲神之心所認知的宇宙，亦爲神之心所作成的宇宙。是故我等之心，漸漸發展而近於完全，同時而宇宙亦有相當的顯現，故後我等之心發展至於極致之時，同時對於我等的宇宙，亦成爲完全美滿的宇宙，此完全美滿的宇宙，恰如有完全絕對的神之心者，巧爲安排於其間，斯即絕對的唯心論之說也。余之所見則異是。現時存在之宇宙，即爲對於我等全體顯現的宇宙，無非在此外別有單體的宇宙。一如吾人之心以外，無所謂絕對精神之存在也。吾人之心，爲大同小異，而有共通的內容，則對吾人顯現之宇宙，其爲大同小異而有共通的內容亦然。此爲余所主張的哲學觀，於後說道德標準之際，亦據爲同樣之理由。此爲倫理學上切要之點，願諸君一爲注意也。離却對於各人所現具體的宇宙，只將一般所認者，抽象的考察，而以爲具體的存在，則誤謬之甚者也。在對我所現的宇宙，與對諸君所現的宇宙之外，而又有我的宇宙與諸君的宇宙，此則別爲一種實在的思考。換言之，則離去對我與對諸君之具體的關係，而另有宇宙本體的思考，皆陷於誤謬者也。

再舉一通俗之例，在我之面與諸君各個具體的顔面之外，別無所謂人之面，此一般之所共認也。若將一般共認之面，只抽取其共通的性質而以此爲人之面，此爲抽象之面，而不得爲具體之面。就對我所現之宇宙與對諸君各人所現之宇宙中，而抽象其共通的性質，亦屬可能之事。不過以此抽象的宇宙，而以爲共通於一般的宇宙，雖亦言之成理，究之非事實的眞相。然而學者於運用其抽象的作用之際，往往以抽象物而作爲具體物，此則學者輕斷之大病也。

誠然，我等之心，漸漸發展，成爲最後完全理想的狀態，非屬不可想像之事。於斯時機，一般之心同，即對一般顯現之宇宙亦全同，此則到達於理想的境域之事。不到理想境域，我等各自之心態，終有多少之差異，因之對於我等顯現之宇宙，亦有多少之差異。此之大同小異，爲人格的社會生活不得不然的結果。乃非質必然的大同小異，非偶然的大同小異也。於後說明良心時亦基此理，良心者爲大同而小異。蓋良心之內容，由社會的生活而漸漸發展演進者也。

第五節 具體普汎釋義與人格之特色

吾人於自身個別的表現，而有共通的性質者，此則非抽象的，而爲具體的，於是而有具體普汎的（Goncrete-universal）術語出焉。吾人日常屢用具體抽象之詞，如前微引習見之瓶，稱其入水供用之時，爲抽象的瓶。不指於此於彼不定之瓶，而指當前桌上之瓶作喻之時，卽爲具體的瓶。然則對於我等一般顯現之宇宙爲具體的，而此決非自由造作而來，乃由社會生活之結果，而有萬人共通的內容，所以不問人已而全爲一致。各人所認之宇宙，爲具體的，同時而有普汎的性質，表斯性質之詞，卽所謂具體普汎的形容詞，任何人不能有例外，斯卽普汎的意義所由來也。是故各別言之，爲特殊的，同時爲大同小異而有共通的內容，故以具體普汎的術語表之。

具體普汎，同時而又爲大同小異，就其同中某部雖亦可爲抽象的考察，而究之非具體實在物。人之面亦爲具體普汎的，就每人而比較之，則各各有差，然亦僅些許之差而已，决非若眼若鼻顛倒位置之面，而亦决非形態畢肖之面，此如我等之心，於具體普汎之中，而又有大同小異之點。是故世無純粹客觀的事務，有認爲純粹的客觀者，皆以抽象的概念而具體視之故也。對我等所現各個宇宙之外，不關萬人全同的主觀，而認某一宇宙爲客觀的存在者，此則唯心論者之所根本反對也。

絕對的唯心論者，所認爲完全的宇宙，以及絕對的精神，乃離去吾人各個之心而存在者。鎮日擬議各自之人格，漸漸發展，使夫未來的自我，較之今日的自我，爲一最完全最純粹的自我，如是對我理想憧憬的熱情，而想像爲實在化，在現在各自之心以外，而以爲有絕對精神之存在，此不過爲一種神祕的思考，而究之非事實的眞相。由人格唯心論的見地觀之，則誠不能不予以否認也。

康德以人爲理性的存在物，一切人之理性皆同。人格唯心論者之所見則不然。誠然，人爲理性存在物，而究之爲漸漸發展而來，其活動之狀態則不盡相同。或者抽象萬人共通的理性，想像爲普汎的理性，而此究非事實的理性存在物。所謂事實存在，即事物之具有具體普汎的性質者也。康德不曾注意於人格發展進化之事，而斷定理性爲自始全同，誤矣。

所謂人格的唯心論，意義爲何，由此而宇宙爲如何的說明，道德的意義如何成立，大體終了。然則人心之特色如何，是不可不一加說明。人心之特色，換言之即人格之特色也。茲將其犖犖大者述之於左。

第一即自己意識（Self consciousness），亦云自覺。乃自我自行認知之謂，即吾人之心有認識自己之活動也。認得此瓶，識得此桌，以及認知一切客觀物，卽於我身有認知此瓶此卓及認知一切之活動也。於自覺的經驗上保持統一，爲人格之一特色。於此不能不認前後一貫之我爲種種的活動，不然則統一經驗之事爲不可能。在過去現在與未來之間，而我之爲我，常爲一貫之動作，以是而我之經驗得聯絡而爲有組織之行動，考既往而測將來，惟自己意識能之。人而無自己意識，則目的觀念不生。目的云何？卽現在之我，就於某事而感不滿足，別求其所謂滿足者，由是而目的觀念以起。蓋非有眞正的自覺者，不足以及此也。是故人格的特色之一，不得不首推自己意識。

許多學者以爲人以外之劣等動物，無自覺的活動，自覺的爲種種活動者，只限於人類。誠然，人不皆爲自覺的活動，有醉生夢死以終其天年者，亦有無目的而爲種種之活動者，均之爲自墮其人格。人之所以爲人，卽在能自覺之一點；他之動物，不過依於刺激而爲衝動的本能的活動而已。吾人雖有時爲衝動本能的活動，然而人能定目的樹理想，是卽爲自己意識的活動；非自己意識之事，則不能生遠大的理想。惟人則能知其自身之位置境遇，想像可能的將來，比較考察，決定自己應進之途徑。然則自己意識爲人格第一特色，更顯然矣。

次之卽自己活動（Self direction），總之爲自立目的而決定實現之行動也。活動之原因，非自外至，而仍在己之一身。蓋於己有惹起活動的作用也。自己活動與意志自由有密接之關係。其義當詳於意志作用之分析時，茲進而述第三之特色。

其三卽自己發展（Self development），亦可謂自己活動內容之狀態。吾人因自覺缺乏，於是企圖滿足而爲追求理想的活動，使自己之目的得現於實際；所謂自我實現是也。人果能遂其自己發展，則人格日上，不難實現理想的狀態。就此關係，於道德亦可得充分的說明。然則人格之意義爲何，就此三者觀之，亦可窺見其大凡矣。

第三章　意志自由之意義

現在關於意志自由之論爭，而一述所見。意志之爲自由與否，歷來哲學家有意志必然論與意志自由論兩派之對峙。不過兩派各趨極端，今試評論指摘其謬誤之點，而一申意志自由的眞義。由歷來之意志自由論，則無原因，無根據，一惟任情縱慾爲無規律無秩序的活動而已。如是之見，則大乖於事實。若果無何等原因根據，任情縱欲而爲活動，對於如是活動而問道德的責任，豈非怪事。所以有道德的責任者，其活動之先，必有起因，有目的，活動之後，始不能不認其有何等責任也。若不論如何，一認意志自由而爲任情縱欲的活動，殊有未當。

反是者，爲意志必然論。其謂：意志自由，非如從來意志自由論者之爲無原因無根據活動，而有一定之原因根據爲基礎。如普通之所認，意志非決定於動機（Motive）乎？是動機即原因。意志的活動，與自然界事物之有根據有原因同。

如斯反對歷來之意志自由論，確能衝破其弱點，發揮一部之眞理。不過其所謂意志必然論，是矣；而其進一步的論旨，則大陷於誤謬。其以意志活動爲有原因，所以意志活動爲其必然之結果。一如有天寒之原因，則有雪降之必然的結果，斯即必然論的論旨。今試就其謬誤之所在而一言之。

第一節　起動原因與目的因

如前所述，所謂原因（Cause）者，不可不知其有相異之二種，即起動原因（Efficient cause）與目的原因（Final Cause）是也。此二原因，性質全殊。所謂起動原因者，即普通所認原因結果的原因。例之以桴擊鼓則鼓鳴，擊其原因而鳴則其結果。天寒則冰結，寒其原因，而結冰則其結果。是等原因，皆所謂起動原因。如斯起動原因的活動，總之爲過去活動之連續而引起其次之活動者也。普通所謂原因結果的原因，多屬於此。

所謂目的原因者，其活動原因，全與此異。蓋此已有欲實現之目的觀念而至形爲活動的原因也。此與鼓鳴之由擊而起之原因結果不同。例之余爲講演之活動，爲欲說明某種問題之目的，有目的，所以有講演，是即目的原因之結果。擊鼓之時，果其自身欲鳴而卽能自由作聲，則此亦可謂爲目的原因的結果，然而鼓却不能有如是活動之力。

爲是之故，所謂起動原因，卽自然界所形成之原因。而目的原因，則指吾人抱有某種目的而欲實現之活動的動機言之也。如是原因有二種類，昧乎此，宜乎來極大之誤解。誠然，人類之活動，其由起動原因而生者，往往而有。例之講演之活動，其爲有目的活動不待言；而其中活動之一，由聲帶關係而起之各種聲調之變態，則身體之狀態使然，是卽起動原因所惹起種種的活動。人類之活動，絕無起於單純的目的原因者，伴於目的原因惹起之活動，而種種起動原因，交幷而來。如前所述修學旅行之中學生徒，當其極度疲乏之寢息旅舍之晚，有時而蹴他人之腹，與毆他人之首者，是爲純粹起動原因之結果，是由筋肉疲勞而惹之手足必然的活動，其毆與蹴，非有目的而爲的活動。如是則人類之活動，有起自起動原因者，亦有起自目的原因者。總之原因之有二種類，要爲不可忽略之事。

是故由起動原因而起之活動之時，謂爲必然之結果爲宜。至由目的原因而起之活動，若與起動原因之活動同樣視之，則大差。由目的原因而起之活動，不當視爲必然性，而實則活動者之自身，自由決定而爲活動者也。由起動原因所起之活動，不能問道德的責任；至由活動者自身，立定目的而欲實現活動，活動者之自身，不能不負其責。然則起動原因與目的原因之間，判若雲壤。不明乎此，則但有原因而即謂有必然的結果者，實爲意志必然論者一大缺點之所在。

以意志活動爲無原因之極端自由論，固非；有原因，而遂認意志活動爲其必然的結果，亦非。意志活動，確爲有原因者也。然而此之所謂原因，乃目的原因之原因、形成目的原因之結果，因而有自由行動。基於目的原因之所爲，乃爲眞的意義之自由活動。所謂意志自由者，具有目的原因的意義者也。斯爲原因的自由，而非任情縱欲之無原因。意志活動，爲其有目的原因，是故抱此目的而決行之活動，其活動即爲具有道德的責任者。然則具道德意義之意志自由，其由目的原因而得成立，更顯然矣。

所謂目的原因者，總之爲立定自己追求之目的，考慮可能的將來，以定自己應進之途者也。反於此而起動原因，不考慮將來如何，惟由過去引續之力而爲活動，而於其間自有絡繹而呈之現象。所以吾人之意志活動，自當爲由目的原因而起之活動，絕不能與自然界之必然的作用，同樣視之。

第二節　意志活動之分析

欲明前言之正當與否，不可不就意志之活動而爲分析。分析之法，亦有多種，茲姑爲簡單言之。第一：對於現在而所感之不滿足，即自覺其某種需要的缺之是也。第二：伴於不滿足之感而續起之苦痛的情緒。第三：不滿足者而欲其滿足，於是而有某種目的物浮現於觀念之上；換言之，卽目的觀念之發生是也。第四：想像獲得其目的物，卽想像實現某種目的之際，而有如何之快樂，如何之滿足也。此爲脫離現在的苦痛達到將來快樂之一種心態，是卽所謂欲望（Desire）。於時一面自覺現在的缺乏，同時而又欲滿足其缺乏，於是而有多數之目的物，同時浮起於觀念之上，應與諸種目的觀念，同時又有諸種慾望交幷而來。依此正當之順序，將選何種目的而追求之乎？換言之，卽比較考察於各種慾望之間而斟酌去取是也。如斯比較考慮的結果，是卽所謂動機（Motive）。動機旣定，而實行之意志的活動以成。以上卽意志活動簡單分析之概況。

如上所述，先感缺乏，次覺苦痛，爲滿足缺乏而湧現目的觀念，想像實現其目的時之快樂，而慾望以起，比較選擇諸種慾望，決定其中之一而定動機，如是至於實行，卽爲意志活動。試以淺近之事爲喻，假定有自覺腹飢者，卽爲自覺缺乏之事，因之而感苦痛，如是而想出充飢之若干目的物，粉團，面包，與其他種種食物交并想起，繼之而種種慾望與念俱來，而爲得食之熱念，然而不能於同瞬間而爲各種食物之搜求，比較考量而定去取，若決定在面包，則即安排向面包商店而來。此時之意向，即爲動機，於是再進而爲走入面包商店之意志活動。簡單言之，所謂意志活動，即活動者之自身立定目的而實行之也。是即自己決定（Self－determination）之義。目的觀念，爲惹起活動，而決定其目的，則在自我。蓋自我之自爲決定而實行之也。目的原因而起之活動，斯爲自動之事，絕非操之自我以外而爲被動者也。如斯自定目的，而在其自行決定之時，即爲自由意義之存在。意志活動之成爲自由者，即以此耳。

關於意志的分析而有種種應當注意之事，今再稍述一二。所謂將來目的究竟如何，此則仍在自我範圍以內之事，即比較現在而以所謂最好的自我（Bettered-self）爲目的。申言之，即較現在不完全的自我而以將來完全的自我爲目的者也。此絕非以自我以外之事爲目的。欲食面包者，面包非目的，日得享其面包生活的自我爲目的。日日得享面包生活的自我，較之今日不食面包的自我，當爲最好之事。斯即使不食的自我而變爲常食的自我是也。欲眠者，眠非目的，夜夜而得安眠的自我爲目的，即目的在自我之內，而非自我以外之事。如是比較現在不滿足的自我之狀態，而爲一個最滿足的理想自我，自爲慾望普通之形式。不過以如何狀態的自我，認爲理想的自我，全由其人之自爲決定自己。爲安眠的自我耶？或者不眠他出自食面包耶？概依於行爲者自身之自爲決定者也。總之不拘安眠，不拘飽食，由現在的自我看，均爲最善之狀態，而於其中決定先求一飽，則在決定之瞬間，而食面包即爲最善之事。如此選擇決定，而動機始得成立，動機既定，即時成爲意志活動的表現。

如前所云目的觀念一語，其所爲目的者，實際尚未顯現，不過浮起於觀念之上而已。然而成爲目的（End）的觀念，與單純的觀念（Ideal）爲兩事，於茲有分析之必要。誠然目的，理想（Ideal）云者，均爲觀念之一種，然而某某觀念，皆可稱爲目的理想乎？是又不然。任何種類之觀念，其得成爲目的理想者，概自其人之性質能力得爲之範圍而來。不在其人得爲之範圍，則由其人視之，不成爲目的理想。例之一足飛躍月世界，如是著想，爲一觀念，而不能成爲目的理想，不過爲單一觀念或空想而已。此非其人性質能力所及故也。反是而擬爲東京倫敦之行，則其事可爲一種目的理想。縱令一時遊資無出，然而積工夫而爲之，則此種行程，並非不能作到之事。是故非其人能力所及之條件，則其不成爲理想目的爲當然。固然，有病狂者，一般所認爲空想，而於其人得爲理想者。一足飛躍月世界，彼自信其能力之可及，月夜登臨高塔，試作廣寒之遊，一踐嫦娥之約，當卽向月而試飛躍；彼自信其能力之可及，則於其人固得成爲理想，或者未達九霄而下沈九泉，以一死終局，亦意中事。是其人之所謂理想，而在一般則仍斥爲空想也。

次之所謂動機，由多種慾望選擇決定而得成立。一旦成爲動機，則即有意志活動之表現。是故一行爲而只有唯一之動機；不過一行爲而有多種慾望之表現，乃爲普通之事。誠然，唯一慾望之時機，往往而有。然而此等時機，則何去何從之考慮作用不起，爲斷然遂行之時機，亦即所謂衝動突進之時機，此則爲不負道德責任之事。某事爲乎，否乎？或於此不爲乃改而之他乎？就此諸種預擬之慾望中，比較考慮，決定某種而實行之。惟此乃爲道德責任之所在。倫理學上所謂動機，指經過考慮決定等作用而言。唯一慾望之所起，則不成爲動機。是故一行爲而有多種之慾望，終焉而至唯一動機之形成，此爲當然的理由也。

試再言慾望與動機之關係，此如候補議員與當選議員之關係。動機者，於多種慾望中而由其人之選擇而出者也。然而何種慾望成爲動機，則尚未定。多數候補者皆熱心爲議員，逐鹿場中，各顯身手，然而某人可得當選之榮，而爲現實的議員，則尚未定。爲是之故，由多種慾望中而其人於其時認爲最善者，即成爲動機。動機既定，意志活動遂起。慾望云者，總之，爲表示其人進行之可能的將來（Possible future）。所謂可能的將來，即指其人欲爲某事之範圍，亦即其人可得實現的將來。東京之行，倫敦，巴黎，新大陸之遊，皆其人之所欲也，然而其人之將來，能否成爲東京，倫敦，巴黎，及新大陸之遊客，則不可知。總之不拘何地，皆以示可能的將來，至爲顯然。至於如何成爲現實的將來，前途雖屬茫然，然而預擬的情形，則早由慾望而有明白的顯示。由其可能的將來，決定一現實的將來，如是積漸而至動機之成立。茲事於後尚有詳論之機會。余願稍爲一言者，動機既由種種慾望而爲自己決定之事，則動機之善惡，選定者之自身，自不能不負道德的責任。例之不義而得富貴耶？或守正而安貧耶？如是種種慾望以起。於時決定爲不義以徇利，則其人爲下流而應遭擯斥，反是而若守義以全身，則其人爲志士而應得揄揚。由慾望而選定唯一之動機，依於其人之自由決定，於此而負道德的責任，詎曰非宜。

第三節　品性

意志活動的分析，大體明瞭，繼此而述意志活動成功的品性（Character）。品性，或云性格。吾人時常反覆同樣意志活動，久之養成某種固定習慣的傾向，此即其人之品性，或云性格。例之晝夜勤學而爲有意的努力，則稱此勤學之人爲有品性者，慣行慈善而爲有意的施濟，則稱此慈善之人爲有品性者，即此故也。是故品性與行爲的關係，依普通所見，則品性者盡表現而爲行爲，所見非不正當。實則以意志的努力，而行爲與品性有取相反之方向者；不過普通均承認前說。吾人於某人行爲，常對其人品予以若何的襃貶，此則假定其人之行爲即其品性之表現也。例之偶一爲善，則即依據此點而謂爲善人，爲惡亦然；似此據行爲而判斷其人格，蓋假定其行爲即其品性之表現也。徵之事實，施訓育者，皆預設一人格善則自能爲善行之假定。惟其如是，所以訓育青年與箴戒子弟，始認爲有相當之功能。假設品性而不能表現爲行爲，則人事上直無訓育之必要。施幾許教育薰陶之力，作成善良的品性，結果而仍不免爲惡行，則又何需此敎育薰陶爲哉？是故於常識，均認品性之表現爲行爲，卽認品性善則行爲善，品性惡則行爲惡之爲必然也。

以上所述，大體則然；而或有爲品性必盡現而爲行爲之輕斷者，則謬誤之甚者也。縱令品性稍惡，而以意志之自勉，未嘗不可以爲善，品性雖善，而以意志之自貶，亦未嘗不可以爲惡；此卽爲意志之自由。爲善爲惡，操之在我也。如斯而其行爲始生道德的責任。吾人之行爲，必謂盡依品性而行，而無出於其外者，則就行爲而問道德的責任，甯非怪事，如是則亦大乖意志自由之意義。此如物理學之惰性，無外力之附加，而常以同一之速力，向同一之方向而進者也。若人則共認爲自己之將來，依於自己意志自由而決定者，以是而道德之責任始生。若果品性盡表現而爲行爲，不爲意志所左右，如是則卽爲善良之行，道德上亦視爲等間。不論習慣的惡傾向如何，而以堅強的意志，奮鬥的精神，戰勝羣邪，撥雲霧而見青天，斯則道德上之所賞贊，而爲有價值之行者也。

善良品性之人，其爲善也，較之爲惡爲易，自然多向而爲善，然而於此不能不認意志自由選擇之範圍。是故以品性爲基礎，於擬議行爲之瞬間，加以意志自由之決定，而如何行爲以分。品性者，非盡現而爲行爲，依據品性而待其時意志自由之決定，始得成爲行爲。如是，則照『品性＋意志決定＝行爲』之公式觀之爲宜。又吾人爲某種之行爲，結合於其舊有之品性，由此而更作成新品性，亦爲當然之事。每一新行爲，而以其有加強，減弱，或轉移多少方向於舊有品性之力，斯即品性改造之所由成也。若非以意志自由之決定而爲新行爲，則品性之進步發達，直爲不可能之事。由是觀之，品性者，依於過去行爲即意志活動全體之結果而生。概括言之，品性爲過去意志活動之總匯，而此總匯之品性，又爲現在之基礎而定將來之意志活動者也。是故品性者，一方爲受成於意志的活動，一方又爲意志活動的淵泉，被動而同時又爲主動者。稍一考之，同時有二相反之性質，然而無足怪也。凡物之有成長發達作用者，要皆具有同時相反之兩性。例之有一株之木，此木之形成，則由其過去活動之結果而來，所謂品性似之。形成後此木成爲基本，於是而有枝之發生，所謂新的意志活動似之。此枝受成於木，即對木而爲被動者，所謂品性爲本而爲某種意志的活動似之。一旦新枝發生，而此後木之成長發達如何，與此枝不無多少之影響，換言之，即依此枝而決定今後木之成長的狀態。擬之人事，則所謂新的意志活動而有決定品性之力者同之。木者動枝，同時又受動於枝，猶之品性決定意志活動，同時依於意志活動而被決定者也。斯即一物同時而有相反之兩性者。天道人事，大抵如斯，又何怪異之有。

品性與性格甚爲類似，而實則大差。於心理有所謂性向（Disposition）者，即普通之所謂氣質。此非由意志自由決定而來，而爲一種遺傳偶發的傾向，屬於道德責任範圍以外之事。換言之，乃爲一種不經自由意志而生之自然的性癖，與品性全異，屬於道德判斷之外者。而此性癖爲本，由意志的活動，作成某種的性質，此則成爲道德判斷的對象。蓋有意志改造的作用，自不能不問道德的責任。此則性向受成於意志作用，而不得以單純的性向視之。只爲單純原質而不加意志之活動者，則爲道德範圍之所不問也。

第四節　動機與志向

如前所述意志活動，爲由目的原因而起之活動。即活動——行爲者之自身立定目的而期其實現者也，爲此意志活動，則諸種結果，自當應之而起。此等結果，有爲活動者自身意想之所及者，亦有完全出於意想之外者。倫理學上稱此意想所及結果之部分曰志向（Intention）。是故所謂志向，蓋言人之欲爲此事，而先見其相伴而生之結果有意而爲之也。

如上所言，在伴行爲而生之結果內，志向爲其先見之所及者。如是則志向之所不及者，即非道德責任之所在。然而行爲者，若果注意而能先見之事，以其不會注意之故而不能先見，則仍然爲道德責任之所在。何則，無論如何而其人無先見此事之可能，全不能問道德的責任。而兹則明爲注意可得先見之事而不曾注意者，疎忽之咎，夫豈能辭。

倫理學上之所當注意者，爲動機與志向之區別。動機云何，如前所述，與志向類似而實不同。動機者，在行爲所生之結果中，當屬於行爲者目的所在之部分；至於不問爲行爲者之目的與否，爲實現某一目的之結果，而其事爲行爲者自身豫想之所及者，則以志向表之。是故志向一語，其意義較動機爲廣。實則動機不過爲志向的部分之事。吾人於爲某種行爲之際，豫知其當起之結果，此則屬於志向的部分無疑。然而志向之中，有成爲目的而望其實現者，有不成爲目的而並不計較實現者，有實現與否皆宜者。總之爲先見之事，皆屬於其志向之範圍；而動機則專指其成爲目的者言之。是故志向之範圍非常廣，動機之範圍非常狹。再爲極關切之解，於志向之內而其成爲目的之部分卽爲動機。動機不過爲志向一小部分而已。

再爲極顯著之例，假定天津北平長途汽車中，有某甲而欲狙擊某乙之乘客。此時爲達其殺人目的之故，而準備炸藥，爆裂汽車，及時行事，方可達其目的，遂其殺人之私衷。在此時機，某甲之動機，在殺某乙，爲此動機而爲爆裂汽車之行爲，亦卽爲實現爆裂汽車殺某乙之結果而爲此行爲。然而某乙之死以外，種種結果，因之而生。卽與某乙共乘之旅客，爲汽車之爆裂，或死，或受輕重傷，以及汽車破壞，貨物受損，種種之結果起焉。而斯結果之起，任何人可得而先見者。是故殺傷某乙以外之人，以及毀損汽車貨物等事，某甲志向之所及也，而不得爲動機。彼非爲殺傷以外之人，毀損貨物而爆裂汽車故也。是等行爲，非行爲之目的原因，卽非動機而只爲志向。動機何在，爲殺乙某。試問某甲之本心，假令有術只殺某乙一人，而不殺傷他人不毀損貨物可以濟事，天下事未有善於此者，然而此等巧遇，無論如何不能獲得，因之非其本意，爲殺某乙一人之故，不得已而爲爆裂汽車之行。動機在殺某乙一人，而此外之結果，不過爲其志向而已。由是觀之，動機與志向之區別，益爲顯著。志向之範圍廣，志向之內，其成爲目的原因者，爲動機。動機之範圍雖狹，而意味較深。且動機爲先見的結果，具有正確目的之性質；而志向則只爲先見的結果，不帶目的意味者也。斯即動機與志向的區別。有將動機與志向，用爲目的（End）手段（Means）等詞者。就前例言之，則殺某乙爲目的，汽車之爆裂，他客之殺傷爲手段，依此手段而殺某乙之目的，始能有一日之成功。

如上所述，動機與志向之區別，大體明瞭。次之而論道德上動機與志向的關係。

第五節　動機論與結果論

依余之見，行爲之善惡，依於動機善惡之判斷爲當然。然而多數學者，有對動機論而唱結果論者，即不問動機之善惡，依於某事之結果利益與損害如何而下道德的判斷者，如是者爲快樂說。余則爲反對結果說而唱動機論者。於是有難之者曰，如動機說，但動機善，則伴之而生之結果，即志向與手段，縱令爲惡，亦得以善許之耶？以余所考，是項反問，則有極大之謬誤。倘一詳審動機性質與志向之關係，則自有以得其謬誤之所在。然則動機與志向之關係，誠有討論之必要。

第一當注意者，所謂動機，非單獨孤立而成立，一言動機，則即作於其周圍之志向而來。誠然，抽象的考慮單純的動機，非不可能，然而具體的考慮動機的本質，則未有離志向而成立者。是故道德上於動機下判斷時，一視其周圍志向關係之道德性質而定者也。離去志向關係，只就動機而論善惡，是爲抽象的動機，而非事實的動機。在具體的考慮動機性質之際，有時可作爲一要素視之，而直以此爲動機之性質，則大誤。

舉例言之，有梅一株，此梅非單獨存在之物。誠然，就梅而爲單純抽象的思考，非不可能之事。然而就事實說，此梅在某園耶？在某藪耶？或在山地與平陸耶？皆有論究之必要。總之論梅不能離梅所在之環境；因之而梅之價値，由其環境之關係而定。誠然就梅而爲抽象的評價，非不可能，然此爲抽象的，而非事實的對梅之評價。凡論某物，不將抽象的考察與具體的考察，明示區別，則不免有誤解之虞。就梅而爲事實的評價，則不能不就環境關係，具體的論究其性質。離去環境而爲單純的考察，以抽象物而作爲實在物，此則學者輕斷之大弊也。何謂具體的考察？有梅焉，試培植於適當之庭園，飛石流泉，巧爲陳設，此時之梅，扶疏掩映於其間，一見則別饒風致。斯之謂有價値者。否則以同一之梅而植之於人爲點綴毫無環境，此梅決不能與前者同價。兩者具體考之，爲非同等之物。然若抽象的就梅而爲單純的考察，當無若何軒輊於其間。不過此爲離去具體的關係所見之梅，而非實在價値之梅。道德判斷亦然，於判斷動機的道德價値之際，只就動機而論善惡，是卽抽象的考察，而非具體的價値之所在。動機之具體的價値，則依周圍志向之關係而定者也。離去志向關係，只就動機而爲抽象的判斷，與椭之抽象的評價，其弊害同也。

如上所述，動機之道德的價値，旣由志向之關係而定，彼謂動機善，不問志向—結果，手段如何，皆得爲善之反問，其謬誤之所在，不俟煩言而解矣。然而抽象的動機之性質，亦有不可忽視者。抽象的動機，爲形成具體的動機之一要素故也。縱令作動機而起之志向皆同，而其時動機之抽象的性質若惡，則其具體之性質亦必爲惡，反是其動機之抽象的性質若善，則其具體之性質亦必爲善。動機之具體的性質如何，視其抽象的性質與志向全體之善惡而定者也。以此之故，雖在志向全同無異之時機，而動機之道德的價値，亦不盡同；志向同，未必其動機之性質亦同也。判斷動機者，必兼動機之抽象的性質與志向兩面而並論之，職是故耳。

例之人面之鼻。只爲單純抽象的考察，縱令此鼻爲如何善相之鼻，而非具體的在額之鼻，即非由周圍關係而見之善相之鼻也。又縱令周圍之關係上，有極好之位置，而鼻之本形不善，則仍不能不謂爲醜相之鼻。兼考鼻之本形的狀態，與其周圍之關係，而具體之美醜始定。動機與志向之關係亦猶是也。例之有甲乙二人，甲親病，困於貧財而爲盜購藥以活親。乙親病，其困於貧財與甲正同；而乙則爲正當之勞動，以其所得，購藥以活親。若只抽象考察甲乙二人行爲之動機皆同，然而伴於動機而起之志向則異；因之而兩人行爲之道德的價值，遂生極大之差異。蓋於道德一則爲惡行爲，一則爲善行爲，其判斷迥異也。

如上所述，志向之如何，大有影響於動機之性質；然而只有志向，亦不能定道德的價值。舉例言之，有丙丁二人，丙親有病，食鯉爲宜，而以家貧無力買鯉，不得已乃竊取附近公園池沼之鯉以奉親。而此鯉固公共之所懸爲厲禁不許毀傷者；丙則孝親情切，於無可奈何之時，而爲此急不暇擇之舉，自當爲一般之所共諒者，司閽者遂寬而宥之。於時有貪食之丁某聞之，其親適病，以爲良機在前，何不援例往取一尾以解饞乎？此其動機與丙全異。蓋爲飽食慾，無隙可假，特借親病爲詞以一償所欲。雖與丙爲同一取魚之方法，同一奉親之名稱，而其實則有未可一概論者。是志向，即伴動機而生之結果手段雖同，而其動機則大異。若只就志向—結果，手段而判斷其行爲，則兩人之道德的價值，當無軒輊於其間。果爾，豈非謬誤之尤者。蓋一則爲養親而爲之，一則爲肥己而爲之，其抽象的動機性質，則固邪正攸分，不容混視也。

總之具體而論動機之道德價值，不能不兼衡抽象之價值與其志向之關係爲如何。如是則動機之善惡定，依於動機之善惡而可據爲行爲善惡之判斷矣。彼設詞以難之者，蓋未詳審及此也。

第四章　道德的標準

如前所述，於預擬種種目的而企圖實現的慾望中，決定從違者爲動機。然則預擬之目的以及伴此而生之慾望，必爲行爲者所認爲最善的自我之狀態。換言之，卽企圖自我之滿足。至於決定爲自我滿足之傾向時，則動機成矣。由是以觀，所謂動機，不待言有自我滿足（Self-satisfaction）之性質，發展現在的自我，而使爲最理想的自我，一一企圖實現者也。自我滿足，自我發展（Self-development）均之含有自我實現（Self-realisation）之義。然則於自我滿足之事，亦卽於自我爲最善（Good）之事。於此而有所謂心理的善與倫理的善，有未可混同視之者。請依次分析於下。

第一節　心理的善與倫理的善

以心理言之，一切之動機，皆與自我以滿足，卽於自我爲最善；是卽所謂心理的善（Psychological goodness）。就動機言，無論爲自利利人，以及妄希非分之財，種種動機，皆由滿足自我一念而起。雖其內容因人而異；而由自我滿足之形式言之，則固亙千萬人而一致也。如是者卽所謂心理的善。

雖然心理的善，不必卽爲倫理的善（Ethical Goodness）。換言之，則滿足自我之事，不必卽爲道德之事也。心理的善，則就吾人之所欲爲者言之，而倫理的善，則就吾人之所當爲者言之，卽與道德標準（Moral-Standard）一致者爲倫理的善。誠然，依於動機之如何而滿足自我，其中有合於道德標準者，亦有大相違反者，合於道德標準者，爲心理的善，同時而又爲倫理的善。然而人不盡爲聖賢，明明善惡殊途，正邪異軌，而以不能自制之故，爲違反道德之行爲以一償所慾者，往往而有。是故以倫理的惡而可成爲心理的善，心理的善，不必卽爲倫理的善，或反成爲道德上之罪人。所謂心理的善，卽行爲者於動念之頃所定爲目的者是也。至於其目的合於道德標準與否，蓋爲另一之問題。

是故依於道德標準而其目的爲善與否，有先審知之必要。吾人於選擇慾望之際，與道德標準適合與否，全爲吾人意志之自由，依於行爲者之自由決定而動機以起。其善其惡，行爲者之自身，當有道德的責任。何則，選擇而得其道，則爲賢人，爲君子，而日進光明，否則爲小人，爲敗類，而日趨黑暗；總之皆由選擇者之一念決定而來。任何動機，皆爲心理的善；而於道德爲善爲惡，則以其人之動機是否合於道德而定。依於善的動機而滿足自我者，則爲道德上之善人，否則爲道德上之敗類。是故心理的善與道德的善，不能同一視之。道德的善，必與道德標準爲一致，而心理的善，但是使其事成爲目的，則即成立。不成爲其人之目的者，則爲心理的惡，成爲目的而至形爲動機者，乃爲心理的善；然此究爲道德上之善否，則難判然。有好爲自利者，只爲小己之利益而求自我之滿足；又有好爲慈善者，則爲公共之利益而求自我之滿足。二者，其爲自我滿足之點則同，至其所以爲自我滿足之動機則大異。卽在自我滿足之實質上，一則爲自利，一則爲公利也。心理的善，爲動機之形式的性質，而倫理的善，則動機之實質的性質也。以形式言，則一切之動機皆同；由動機之實質而道德的區別立焉。此則研究倫理學者所當詳悉而明辨也。

如前所述，我等於行爲之際而有應起之問題，卽在種種慾望交幷而起之時，應選擇某種慾望乎？是不可不注意選擇與道德標準一致的慾望也。誠然，人有選擇違反道德標準的慾望者，是亦意志自由之所許。然而終不能以人有選擇之自由，而謂道德標準之不當一致。故人而皆有適合道德標準的要求，其合於此要求者爲善。縱使性行不齊，有道德爲惡而據爲心理的善者；而由道德上之見地言之，則終不可不與道德標準爲一致也。於茲所起之問題，卽在選擇慾望之際，當然之標準爲何？此卽倫理學上之根本問題。茲擬繼此而一述所見。

第二節 標準論

吾人於日常生活，常遇種種不易解決之問題，此時則不可無據之以爲解決之標準。例之結婚問題，誠如一般所想，不可不以男女間之戀愛爲要件；然而只有戀愛即爲美滿婚姻乎？恐任何人不能爲是想。若其人而財產不充裕，或身體不健全，縱令結婚，而於產生之子嗣，或不免有惡影響。加之家庭生活之維持，亦爲第一之難題。如是則即有純潔之戀愛，恐於結婚有諸多不宜之憾。此即成爲實際之問題。至是而曩時所持爲戀愛要件，或反置爲第二，而先考慮財產健康爲如何。此皆不可不先行解決者也。又如學問之事，學者以探究眞理爲職志，又對眞理而即時有實現的企圖。然而社會公衆的生活，自有一定秩序之存在。無論如何符合眞理，而謂完全破壞秩序爲無妨碍者，斷無是理。於是成爲實際之問題。而眞理至某程度而始爲不易之定論，又至某程度而須尊重社會公共之秩序，此又不可不先行解决者也。此外如财产所有权，亦为今日社会之切要问题。吾之财产，吾得自由处理，为一般之所共认。然若穷其自由使用财产之趋势，则不免酿生社会贫富悬殊之恶结果。其坐拥多金者，利用之以设备钜大灵便之机械，操纵运输信用等机关，最经济的制造货物，为廉价的贩卖，因而比较小资本营业者为多招顾客，多得利润，以是成为贫富悬殊之社会大问题。此则近时社会所谓託拉斯者，龙断财富。独立市场，一般认为切切可忧者也。然则私有财产，一任财产所有者之自由处理，将有所不行。而由国家社会，设一规则，课财产多者以多额之税金，其少者或不课税，反可得到相当的补助。如是以矫贫富悬殊之弊，且使财产较得平均，固有施行干涉之必要。干涉云者，反对财产所有权之自由处理者也。要之理想与实际，个人与社会，其间常有冲突之发生。种种实际问题，不再为繁琐的列举。总之是等问题，各为两两对峙之形。即一为前述之理想与实际，一为自身利益与公众利益，其间缓急轻重之取裁是也。一切伦理问题，毕竟归宿于此两者對峙之形。不考實際之事情，只就理想目的而爲判斷乎？或者不考理想而只重實際乎？毫不顧及自身而只爲利他乎？或者忘却公衆而只爲自利乎？此即標準之所由生也。然而此兩形對峙之問題，又可幷之爲一。因爲重理想與圖公衆利益，爲同一之性質，而計自身利益與重實際，又有同一之傾向，故前述二種問題，又可包括爲一大問題。即當爲實利的標準乎？抑爲理想的標準乎？試一考查從來之倫理說，其常相衝突爭論而未有已者，即理想主義與實利主義之兩派。在希臘古代，有幾尼克派（Cynics），乃倡導德性（Virtue）斥快樂（Pleasure之極端禁慾論。與此抗衡者，有幾勒納派（Syrenaics）則又蔑視道德而專以目前之快樂爲目的。是即理想主義與實利主義之對立也。稍降則有斯多噶派（Stoics）之標榜禁慾說。與此對立者，則有伊壁鳩魯派（Epicureans）之唱導快樂說。於今日則一方有克己說，直覺說，自我實現說；而他方則有功利說與之對峙。凡皆爲實利主義與理想主義之代表者。今就此等代表的倫理說而一加評論，並進而述自己所見爲眞理的倫理說。

第三節　快樂說

先論代表倫理說之第一快樂說（Hedonism）。快樂說，亦卽所謂結果論，判斷吾人之行爲，由其行爲所生結果快樂苦痛之程度，而爲善惡判斷之標準者也。其快樂愈多者，則其善之程度愈高，反是而苦痛愈多，則其惡之程度亦愈甚，是爲依於快樂苦痛分量，而定善惡之程度說；與依動機如何而下判斷者，大異其旨。

姑舉快樂說特質之一二。其一卽前所述計算快樂之分量而判斷行爲之分量的計算主義。次之則謂吾人不論如何，皆以自己之快樂爲唯一目的——自己快樂以外無目的。蓋不論如何時機，而只以自己之快樂爲歸宿者也。是故就行爲之目的言，概無何等之差異。動機亦然，無論何人，於企得自己快樂以外無動機，所以於動機上立區別，殆爲不可能之事。彼夫依於動機如何而判斷行爲者，由快樂論者觀之，則爲甚無意之舉。如是判斷行爲，除依結果所生之快樂苦痛的分量外無他道。是則快樂論者之唱結果論，自屬當然之事。前說爲快樂說之重要特質，關於斯項特質，又有應當注意之條件。第一採取分量的計算主義時，不可不有計算比較分量的標準；依何標準而得此較於彼多量或少量的估計。凡計算分量時，不可不有同質同量一定之單位；無一定之單位，則計量爲不可能；是則有單位性質之標準爲必要。又此標準不可不爲客觀的性質；換言之，則以各人之主觀的標準，不能滿足快樂說者計算主義之要求。從甲之主觀的標準認爲多量者，而從乙之主觀的標準，則或認爲少量。是故依於主觀的標準，欲得正確而普汎的計量爲不可能。總之快樂者所要求之標準，必其具有客觀的性質，且爲互千萬人所同的性質，持此以爲快樂苦痛之分量的計算，庶無遺失。

然則互千萬人所同，足爲計量快樂苦痛之客觀標準，將於何處求之乎？此則甚爲困難之事。何則，快樂痛苦，乃個人各別之所感，性質上爲主觀的，所以互千萬人所同的客觀標準，有如寒暑表之計量溫度，絕非可以想像得之者也。寒暑表，乃互千萬人所同的客觀標準。甲曰：今日氣候溫暖，乙曰：否否！吾猶以爲寒也，各以主觀之標準而至紛爭不決，此時若有持寒暑表而來者曰，今日之溫度達於某點，則甲與乙均無異議而聚訟立休。若夫快樂苦痛之計量，甲謂爲多，而乙又謂爲少，爲杜此等歧異之見，假設有客觀的快樂表之發明，誠屬佳事，而實則無之。有以脈搏之强弱遲速而爲較量快樂苦痛之據者，此當可爲一種快樂表；然而此等計畫，亦終未有完密之成功。

此外有非純粹的客觀標準，而亦有客觀的性質者，即所謂感覺(Sense)的快樂也。聞中和之音，見調勻之色，觸柔滑之物，以及爲適當消化，良好睡眠，應之而得感覺的快樂者，互千萬人之所同也。此互千萬所同者，爲單純的感覺的快樂。是故於快樂說而採取分量的計算主義，除以感覺的快樂，爲其所要求的標準外無他法。以其具有客觀的性質也。又感覺的快樂，亦具有單位之資格。所成爲單位者，畢竟時間上之存在，應在單位集成複合物之先。由此點觀之，感覺的快樂，殆已具有此旨。高尙的精神快樂，如伴於推理想像考察而來的快樂，以及審美的快樂，均在文化過量發達之後。又就個人言，在精神過量發展之後，而始有明白的表現。不問種族之爲野蠻文明，亦不問個人之爲老幼男女，而此感覺之快樂，殆全爲一致。以此之故，唱分量的計算主義，其成爲標準者，不能不在感覺的快樂矣。換言之，唱快樂說者，不能不以感覺的快樂之多少，爲價値的判斷也。何故以孝親之行爲善乎？蓋人而知孝親之行，比之不孝者所得感覺之快樂爲多。何故正直爲善而虛僞爲惡？畢竟前者感覺多量之快樂，而後者感覺多量之苦痛也。例之商人而若常蹈虛僞，則坐失信用，漸至營業不振，流爲困窮，因而感覺之快樂益少，甚或造成苦痛之環境。反之而若務爲正直，則人格得社會之信用，企業受公衆之歡迎，而事業至於成功。如是則生活充裕，身體健康，心境暇豫，其能獲得多量感覺之快樂，夫豈待言。此卽正直爲善虛僞爲惡之理由也。上所徵引，皆感覺的快樂可爲標準之明證。其他尙有有思想上之快樂，文學美術等之快樂，亦皆分析感覺之快樂，可得論證其價値者。故倫理上而若成立快樂說，則歸宿於此等理由，自屬當然之事。

第四節　自利與功利

所當注意者，卽快樂爲感情，而且爲一般之感情，是故自己快樂以外，無所謂快樂。因之而唱快樂說者，不能不謂自己快樂以外無目的；此爲快樂論者之本質。卽無論何人，而自己快樂，爲唯一之動機，亦爲究竟之目的。是故於快樂說而爲首尾一貫之主張，則自利說(egoism)卽個人的快樂說（individual hedonism）爲其正當之歸結。除自利說，卽不啻自犧牲其快樂之主張。若將快樂說爲正當之推衍，則卽不能舍棄自利說之意義。

然而有立於快樂之見地而唱功利說（Utilitarianism），即所謂普汎的快樂說（Universal hedonism）者，不以一已之快樂爲目的，而以人類一般之快樂爲目的。此說於快樂說的基礎之上，無成立之可能。其理由可繼此說明之。如前述以快樂爲基礎，則歸宿於自利說。實則只言自利，尙未充分明確。於自利說之中，有總計一生快樂之最大量爲目的者，若以快樂說爲基礎，不只功利說不能成立，即此自利說亦將失其根據。以快樂說爲基礎，則除現在之瞬間自己快樂以外，無任何目的之存在。本來所謂快樂，在感快樂之瞬間，只爲身受者之所感，而他人之快樂，與自己將來之快樂，均不能列入現在自己所感之內。直接所感之快樂，惟有現在瞬間的自己快樂而已。若以吾人所感之快樂，即感情之快樂爲目的，則除現在瞬間自己快樂以外無目的。誠然，他人之快樂，與自己將來之快樂，可以得諸想像之間，而究之非感情快樂本身的意味，即不得爲快樂說之究竟目的。不過可爲快樂思想而已。似此立於快樂說之見地，他人之快樂無論，即自己之快樂，在現在瞬間之快樂以外，亦不成爲目的；只極端的現在主義之自利說，爲快樂說正當之結論，如前所述之幾勒納派，卽唱此等自利說者。若以快樂說爲基礎的功利說，或者主張一生快樂最大量的自利說，皆不合於論理的說法。關於此點，尙擬一申評論之意見。

在前所述之快樂說以外，而有强有力之反對說出焉。其謂就常情而論，惟以快樂之分量多者爲善而選擇之，殊無理由。世固有分量爲少而性質爲優之快樂，則亦不無較善之感。在比較精神的快樂與肉體的快樂之際，有捨分量較多之肉體的快樂，而取分量較少之精神的快樂者，英哲彌勒（J．S．mill）卽其人也。彼於快樂則捨分量的區別，而力言性質的區別。其言爲快樂多量之豚，不如爲快樂少量之人，爲快樂多量之庸人，勿甯爲快樂少量之蘇格拉底（Socrates）。此卽假定人之快樂比較豚之快樂，分量雖少而性質殊優也。又若良心發達之人，其爲道德行爲，有時快樂之分量雖少，而亦甘之若飴。此卽性質的區別所在也。如前所述，若果認許快樂性質的區別，則已失却快樂目的之趣旨。何言之，快樂說，以快樂為標準，而在其快樂分量的計較外，別無評價的理由也。至於性質的區別，則快樂以外，必有其他標準，依之而定快樂之優劣。例之快樂之由來，為精神之事，抑為肉體之事，由文學美術而來，抑由飲食物慾而來，此皆自其從來之性質而為評價者也。即快樂以外，何為理想，反其理想，即為劣等之快樂，合其理想，則為優等之快樂。故若論及性質的區別時，只有捨去快樂說的主張而已。唱快樂說，則即不當立性質的區別。此即快樂說難點之所在也。固然，快樂可為吾人目的之一，而非唯一之目的。例之飢而思食，意在得食，不是為得快樂。有求食之活動，則自然有快樂隨之，初非為得快樂而求食也。一切活動，都可依於種種事實而作證明，非只為單純快樂之目的而已。

是故快樂由實現目的而來，事實則然，然此，當為另一之事件。關於此點，彌由黑德（Muirhead）於其所著倫理學中，有快樂之觀念（idea of pleasure）與觀念之快樂（Pleasure in ideas）的區別，可爲適當之例證。所謂快樂觀念，即快樂目的之謂也。以快樂爲目的而浮現於意想中一種狀態，故爲快樂之觀念。然而吾人不只以快樂爲目的，快樂以外，尙有種種之目的，亦即可謂有種種之觀念。例之探究眞理，或努力慈善事業，於此時機，其眞理探究與慈善事業，成爲目的，即眞理探究與慈善事業之觀念，由之而生。於快樂成爲目的之時，即快樂觀念之所在。由是言之，成爲目的之快樂，與成爲目的之慈善事業，眞理探究，蓋爲同一觀念之顯現也。

然而追求此目的，而在追求之瞬間，亦自能惹起快感，此即爲滿足自己而決定其目的者也。彼欲探究眞理者，即於自己認定爲善，亦即所謂心理的善，於此決定而生快感。豈惟探究眞理爲然，即在以慈善事業爲目的，或其他目的，而均之於預擬之瞬間，決定趨向，爲滿足的追求，因之而生快感。所謂觀念之快樂此也。

彌由哈德區別快樂之觀念與觀念之快樂，最爲正當。明乎此，則知特殊目的之快樂，與意志活動之形式的性質所謂自己滿足者，當爲兩事。快樂論者於此，混一視之，而謂人當以快樂爲唯一之目的，甚爲謬誤。此殆昧於彌由黑德所謂快樂觀念與觀念快樂之爲異義也。

無論何事，作爲目的而追求之，當予自己以滿足，自己滿足，有以快樂爲目的的者，亦有以快樂以外之事爲目的者，蓋包含一切存在之形式的性質。以如斯形式性質之自己滿足，爲道德標準，其無意義孰甚。苟立一倫理說，則當限於有依據而得自己滿足之意志活動的內容，如爲滿足自己之應爲的理想，或可以得到自己滿足之方法。否則只取意志活動之形式的形質所謂自己滿足者爲基礎，而立快樂說，實爲無意義之尤者也。

此與前之定快樂計算之標準，而立感覺的快樂說爲同一意義。否則只取漠然的快樂爲標準，不限定如何之形式，而妄取分量的計算主義之快樂說，均之爲無意義之事。爲是之故，立快樂說者，不當以漠然的自己滿足爲目的，而當限於如何種類的自己滿足。以某種特殊之自己滿足爲基礎，評衡所有自己滿足之事實，亦卽以某種特殊之自己滿足爲理想，而始得成立其快樂說。若漫不暇擇，直以自己滿足與快樂同一視之，而謂一切之人，惟以快樂爲目的，則其陷於極大之謬誤，夫豈待言。

與前所述同一論旨，德國學者斯克華資（Schwarz）之言曰：吾人行爲之目的，在於意志之飽和（Sattigung），亦卽在於充分滿足其意志的活動。於其中有爲追求快樂者，卽由追求快樂而得意志之飽和者，其他有爲探求眞理，或存心利濟而得意志之飽和者。如是依於種種之事而獲得意志之飽和，其快樂之本質，與其意志之飽和，當爲兩事。卽快樂不過爲意志飽和中之一種意態而已，斯說也，殆將余前述之論旨而以意志飽和一語表之，所謂意志飽和，卽心理的善所謂自己滿足是也。

要之快樂，非吾人唯一之目的，快樂以外，尙有其他目的，此爲正當之解釋。細鳩維克亦同此說。彼之所倡，一方則反對以快樂爲唯一目的之快樂說，而他方則以人皆有追求道德上快樂之意味。以快樂爲唯一目的之快樂說，普通所謂心理的快樂說（Psychological hedonism）。反之則爲以道德上之快樂爲目的之倫理的快樂說（Ethical hedonism）。心理的快樂之謬誤，既如前述。若如心理的快樂說，以快樂爲唯一目的而追求之，則以此快樂爲道德的標準，實爲無理之尤者。人若皆追求快樂，則不可不追求快樂之道德的法則，即無存在的理由。人有不追求快樂者，而不可不追求快樂的規則，始爲必要。猶之有不孝親者，始有不得不孝之道德的法則。若盡人而皆爲孝親者，則不得不孝之道德法則，即無存在的理由。斯即自然法（Natural law）與道德法（Moral law）之所以分也。自然界之事物，一切皆依引力之法則；因而不得不從引力法則之命令的道德的法則，不適用於自然界。於道德當如何？人有孝親者，有不然者，有好爲慈善者，有不然者，惟其如是，而不可不孝及不可不爲慈善之道德的法則，由之而生。自然法與道德法之異點，即在於是。如心理的快樂說之所唱，則認人類皆以追求快樂爲目的，同時而以快樂爲道德的規範，據之而下價值的判斷，非矛盾而何。同是人羣，有追求快樂者，有不然者，有追求快樂以外之目的者，於此而不可不追求快樂之論旨，始得成立。斯即所謂倫理的快樂說，細鳩維克則持人不皆以快樂爲目的之見。換言之，即捨心理的快樂說而取倫理的樂快說——功利說之主張者。功利說之要義，當於後文詳之。

第五節　個人主義

如上所述，就快樂而爲分量的評價，及以快樂爲唯一目的者，各有困難之點。所待申明者，如前所述之快樂主義，乃爲陷於極端的個人主義，(Individnal-ism)。感情之快樂，不只不在自己快樂以外，即自己快樂中，亦僅現在之快樂成爲目的。爲將來之快樂，犧牲現在之快樂者，此非由快樂說之見地言之也。極端之自利說，爲快樂說當然之結論，就此再一申余說。本來快樂云者，當爲自己直接感得之快樂。固然，他人之快樂，有時亦得浮現於思想之上，不過此爲關於快樂之思想，而非直接感得之快樂；即非快樂主義目的之快樂也。是故以社會一般快樂爲目的之功利說，斷非成立於快樂的基礎之上。於自利說以外，無快樂說正當之歸結。不過自利說之中，有通計一生快樂之最大分量爲目的者。是故於現在縱能感得多少之快樂，若捨此快樂而爲更端之活動，則在通計一生全體快樂之總和上，結局若欲享有較多之快樂，則不能不犧牲現在之快樂，此誠可爲穩健正當之自利說。不過似此以快樂說爲基礎，畢竟無成立之可能。何則，所謂感得快樂之總和何在？快樂之總和，果爲吾人之所感得乎？固然，於思想，所謂於此於彼之快樂，結集於思想之上，非不可能。然而如是結集於思想上快樂之總和，究竟能成感情的事實乎？是未必然！非事實所感之思想上的快樂，不成爲實在的快樂。實在的快樂，除現在瞬間直接所感者無他求。

雖保百年長壽之人，其人最後所感快樂爲如何，恐不外於將死之瞬間所感之快樂，集合過去長歲月間之快樂而總味之爲不可能。人果能將由生至死全體快樂之總和而感得之，誠爲佳事。如是則歷纍粒粒辛苦之歲月，至於垂亡，而得享味蓄積多量快樂之總和，天下事孰有便於此者。然而於事實，除在將死之瞬間所感之殘餘的快樂以外，別無快樂之可言。雖保百年長壽者，其死時瞬間之快樂，即其最後之快樂，絕非集合長久期間諸多之快樂而總味之者也。由此以觀，所云爲求全體之最大快樂，犧牲現在之快樂者，不得謂非無意義之舉矣。所云犧牲現在之快樂，由快樂說之見地不能成立。然則前述自己之快樂爲目的，而他人之快樂非目的，此由快樂說之見地言，自當爲不可移易之真理。是故以社會一般快樂爲目的之功利說，其不能由快樂說而得證明，不待贅言。然而爲自己將來之快樂，以至爲全體之快樂，犧牲現在之快樂之無從證明，大都不甚注意，甚至不視爲需要之問題，彼蓋不知他人之快樂非目的，而只自己之快樂爲目的，以及自己之快樂中，將來之快樂非目的，而只現在之快樂爲目的，其間含有共同之眞理。是故由快樂說之見地言，只自己現在之快樂，爲唯一之目的。至於功利說，而欲由快樂說之見地說明之，則不能不謂快樂論者之籠統廣漠爲已甚也。

於此點，則細鳩維克頗具隻眼，以謀他人之快樂，與謀將來之快樂，均不能由快樂說之見地，取得確切之證明。同時細鳩維克，果由何等見地得由一己之快樂，而至以他人一般之快樂爲目的？於自己快樂之中，將來之快樂，得與現在之快樂，爲同一之目的？如是立證，畢竟依據快樂說爲不可能，而彼則依據直覺說證明之。然則穆勒及邊沁(Bentham)等以快樂說爲基礎而成立功利說，其不能不歸於失敗也固宜。細鳩維克反之，自初即捨快樂之見地，而其立論爲何等明析。茲再介紹細鳩維克之論證，同時即成爲對於快樂說之批評。

以細鳩維克之見，既以快樂說爲基礎，則除自己快樂之外無目的，又除自己現在快樂之外無目的，因之而所謂一般多數人之快樂爲目的，或就自己快樂言之，而所謂全體快樂之最大量爲目的等說，均之不能成立。而欲貫澈此旨，則有待於次之直覺論的見地爲必要。即自己與他人，不能不爲同等之待遇。所謂人格，不分人己，其價值同也。是故關於自己，與關於他人者，不當有先後之差。無論何人，既生而爲人，總之不可不以人己同等公平之原理爲基礎。若以快樂說爲基礎，則不能容此人己同等公平之原理。他人之快樂與自己之快樂，性質迥別，自己之快樂，成爲目的，而他人之快樂，即不成爲目的。因之而快樂說的基礎，爲功利說之大忌。基於人己同等對待之原理，而功利說之證明始爲可能者也。然此公平之原理，爲直覺說所認之原理，不俟論證而自明者也。此即道德的公理，與幾何的公理，同爲不俟證明而自證明的原理。於幾何學，所謂三角形之一邊，小於他之二邊之和的命題，爲自明的，同於此而公平的原理，亦即爲道德的公理，不須證明者也。希望自己之快樂，同時即不可不希望他人之快樂。快樂之本身爲目的，而與誰何人之快樂無關。是故快樂分量之比較多者始得爲目的，盡天下人快量之分量，比於一己之快樂以觀，此時若一己快樂之分量多，自當追求自己之快樂，反之若他人快樂之分量多，則當舍己而謀他人之快樂；不依自己或他人爲左右，而全以公平之原理爲基礎。此等公平對待，於他人之人格爲同樣的尊重者爲正義（Justice）之德。又以其不只計較一己之快樂，而有普利一般之味，故又成爲博愛（Benevolence）之德。似此杜偏向而趨大同，以社會一般之快樂爲目的，而不問快樂之誰屬，此即依於公平直覺的原理而爲證明者也。

自己之快樂亦然。自己之快樂者，以全體爲目的，而在其組成自己全體快樂之中，有現在之快樂，亦有將來之快樂，而却不爲此等價値所左右。將來之快樂與現在之快樂，一如自己之快樂與他人之快樂，爲同等的對待。只計快樂本身之分量，不以現在將來，有何輕重之見於其間。若現在之快樂，比於將來之快樂爲少量，則犧牲現在而圖將來，否則現在之快樂，比於將來之快樂爲多量，則舍未來而取現在，自屬當然之事。此非依現在將來定取舍，一依快樂本身之分量而定也。如是求全體的自己最大快樂，細鴆維克以合理的自愛（Rational self love）一語表之。總之不論爲正義博愛之事，抑爲合理的自愛之事，而其不能不有待於直覺的原理則皆同。此皆對於從來之快樂論者，由快樂說之見地而加駁擊，亦即可謂對於快樂說之批評。

第六節　進化的快樂說

於快樂說之中，有爲一種特別之說，即斯賓塞（Spencer）所唱之進化論的快樂說（evolutional hedonism）。如前所述之快樂說，以個人主義爲基礎之快樂說。即只以個人爲目的，以個人爲實在，而一切以個人作中心之說也。人間一切之活動，認爲基於個人之能力。反乎此而斯賓塞者，則以社會（Society）作中心，而謂社會爲人間一切活動之本者也。對於從來之快樂說，爲極正當之駁擊。關於此點，而斯賓塞確能發揮一部之眞理；然一經玩味，則亦不無陷於謬誤之處。茲姑就此而一加評論。

如從來快樂說者之所見，人類社會，只有多數個人之存在。至於社會，不過爲多數個人集合之總稱；無何等特別之目的，亦無何等特別之活動。是說也，依據個人主義之見地，而認社會不過如多數原子之機械集合而成立無機物然。此以社會爲原子論的解釋也。

斯賓塞之解釋，則異乎此。所謂社會，非如多數個人之機械的集合而成立無機物。社會之本體，乃爲一有機的存在物，即一全體的有機體（Organism）也。我等之各個人，如組成有機體之細胞、吾人之身體，異於其他無生命之無機物，而爲一有生命之有機體。此以社會爲一有機體之解釋也。如此反對個人主義，而將社會爲有機的說明，確能發揮一部之眞理。如斯而吾人爲如何之活動，如何而感快樂，如何而感苦痛，皆由社會的關係而定；總之皆有眞理之存在。如斯之社會，不但於構成上爲有機的，即社會自身之意味，一如吾人身體之成長發達爲積漸而來。換言之，社會之有機體，爲時時進化的。社會之進化，爲人類所有活動之原動力；有此原動力而始形成人間種種之現象。離去社會進化，則吾人各個之存在爲不可能。蓋失其存在之意味也。

如斯賓塞之所考，社會愈進化，吾人所感之快樂，亦愈益增多，快樂與社會進化，其間有密切關係之存在。所謂社會進化，畢竟與人間生活力之充實增進，爲併行之現象。生活向於種種方面充分發展，則快樂之分量亦愈益增多而爲併行之事。人類之目的爲快樂，快樂最大之分量，可於社會進化之極致獲得之。社會進化與快樂，其間若連結而成一新機軸。吾人最後之目的，不待言爲最大快樂，然而達此目的，有不得不然之條件，即社會之進化也。是故吾人直接之目的，自當爲圖社會之進化。關於此點，於後當更加說明；總之此爲斯賓塞對於從來之快樂說而加以駁擊。然則斯氏之駁擊主旨何在乎？依從來之快樂說，吾人最後之窮極目的（Ultimate end）爲快樂，同時而吾人直接追求之至近目的（Proximate-end)亦爲快樂。此則斯賓塞之所極端反對者也。原來吾人最後窮極之目的爲快樂；而直接的（Immediate）目前之目的非快樂；所爲目前之目的，而吾人之所當追求者，爲圖社會之進化也。此爲實行社會的道德。人而圖社會進化，結果則自然獲得快樂，至爲顯著之事。而由實踐上考之，目前應以實行博愛正義爲主旨；至於實行此博愛正義，結果達於最後快樂之目的，勿甯毫不計較爲宜。不計較快樂，一惟實行社會道德之是務，而快樂自在其中。此斯氏論旨之所在也。從來之快樂說，於最後之窮極目的，與目前之直接目的爲異類，殆全然忘却。快樂爲最後之目的，誰亦不能否認。於此點則斯賓塞亦爲快樂論之主張者，不過其論旨則與從來之快樂論者，大異其趣。彼認爲社會而不經過進化之程途，則不能達於最大快樂之窮極目的。此彼之說，所以稱爲進化論的快樂說，而與從來個人主義之快樂，大異其趣者也。

第七節 經驗的快樂說與科學的快樂說

次之斯賓塞摘舉他點，反對從來之快樂說，彼以從來快樂說爲經驗的快樂說(Empirical hedonism)而排斥之。從來之快樂說，基於過去人類種種之經驗，如何而生快樂，如何而感苦痛，知乎此則認某事於經驗上可得一般之快樂，故不可不爲，又某事依於過去之經驗而常感苦痛，故不可爲；前者爲善，後者爲惡；概括此等過去人類之經驗，而作出道德的法則者也。此卽從來快樂說所採之方法，斯賓塞所以名之爲經驗的快樂說。

斯賓塞之快樂說，則異於是。彼不僅以概括經驗，爲區別善惡正邪之準，乃先立一根本原則而爲演繹的推論。社會進化，爲實現快樂目的之前提。故人而欲獲得快樂，不能不促成社會之進化，因而不能不爲博愛正義之行爲。如斯設定之道德的法則，與經驗快樂說之法則迥異。此非僅由概括經驗得來，乃由社會進化之原則演繹而出者也。

斯賓塞對從來之經驗的快樂說，而名己之說爲科學的快樂說 Scientific hedonism） 從來之快樂說爲經驗的，而彼之說爲科學的，猶之古昔天文學爲經驗的，而今之天文學爲科學的。如何而古昔之天文學爲經驗的乎？以過去諸多之經驗爲基礎，一至某年某月而有日蝕，又至某年某月而有月蝕，知乎此而再經某某月之後，常有日蝕或月蝕，此爲概括經驗作出天體運行之法則。科學的天文學反之，以引力法則之根本原理爲基礎，推算天體之運動，如此演繹而知某年某月某日之有日蝕，及某年某月某日之有月蝕，採斯方法，爲今日之天文學，而斯賓塞之所呼爲科學的也。彼之快樂說爲科學的，而從來之快樂說爲經驗的，一如今日之天文學與古昔之天文學爲異其狀態也。

斯賓塞以社會進化，爲快樂之唯一條件，就此點而玩味之，甚爲有益，不過以書面之限制，不能詳論；要之依於社會之進化，說明人類之活動，於此不可不爲充分之注意。第一當知依於從來之快樂說，人間有事，如何而感快樂，如何而感苦痛，一惟個人之能力而定。斯賓塞者，則以吾人快樂苦痛之感，一視社會之進化如何，而非自由操縱於個人之能力。此當爲正確之論。吾人見愛於人，則感快樂，被憎於人，則感苦痛；又秩序動作，較之喧嘩行爲，則感快樂爲多。斯等之事，果爲由各人之自由決定乎？吾意不然！此皆社會進化之大勢力所使然也。猶之吾人由食美味而感快樂，食腐物而感苦痛，此非由各人之自由決定，一由進化之結果然也。其理由可簡單述之。

進而言之，進化（Fvolution）之事，何由而起？就其爲模範代表之生物進化言之，則不外由生物之生存競爭（Struggle for existence）而起。一切賦形之生物，若皆成育無害，則食物將有大感不足之虞。實則無論如何，不能一齊生存，其中固有不能不亡者在也。惟人亦然。假令含生負氣之產兒，皆能至於成長，有生無死，則人間食物之感不足也亦然。於是無論何人而不能不亡，亦無論何人何人而未有好亡，因是而生存競爭之道起焉；是誠不能幸免之悲運。競爭之結果，弱者亡而强者存，不適於生活之境遇者亡，而適者存，稱此爲適者生存（Survival of the fittest）。何言之，於生活能爲充實圓滿的活動，卽爲良好的活動而感快樂，因是喜好而爲之，是爲適者；於生存競爭場裏，當爲勝利生存之健將。否則爲充實圓滿的活動而感苦痛，因是嫌棄而不爲，是爲不適，應取滅亡。就食物言之，食滋養物而感快樂，是爲適者，厭滋養物而唾棄之，是爲不適者；生存競爭之結果，適者存而不適者亡。爲是之故，經幾許之生存競爭，而今日之所殘存者，其爲食滋養物而感快樂，不待言也。今日生存人類，固有食非滋養物而感快樂，未至死亡，然而畢竟爲促亡之人。最後結果則生存者，皆爲好滋養物之人。是故今日人羣，其食滋養物而感快樂者，爲進化結果使然，而非由自身自由决定者也。依於此等遺傳作用，進化復進化，積久則惟食滋養物者，與快樂成爲一致之事。

道德行爲亦然。實行道德之事，則生快樂，反之則生苦痛，此亦社會進化之結果使然。不適於社會生活之人，未有能幸存者也。如何爲適於社會生活？即實行公利公益，博愛，正義之事，感快樂而喜爲之，爲適於社會生活，即生存競爭場裏之健者，而得生存之人；否則爲自速其亡而已。經過此等競爭，積無量歲月之進化遺傳以至於今日，是故今日生存之人，皆至某程度爲博愛正義之事而感快樂；否則無生存之理。今日之社會，其行不道德而感快樂者，固不乏人，此與食滋養物感苦痛而得生存者相同；一時雖未滅亡，畢竟陷於悲慘之運命而已。

今日者，社會尚在進化途中，道德與快樂，不道德與苦痛，尚未達完全一致之程度。由此漸漸進化，至於實行道德則益增快樂，不然則益增苦痛，終焉則道德即快樂，不道德即苦痛，二者成爲一致之事。快樂即道德之象徵，苦痛即不道德之表現，此爲進化極致之狀態，而今尚非其時也。好酒者盡人而知其有害於身體，而今日之社會，則尚爲飲酒而感快樂之狀態。將來若至理想的境域，其在無害生活範圍之飲酒，自不成爲苦痛，有害則苦痛隨之；苦痛與危害之程度，相應而生者也。彼時則吾人所爲，惟有感得快樂之一道，決不憂心其他。而今不然，計吾人之所爲，感快樂而有害於生活者，往往而有。此在今日進化途中，無足怪也。由進化之道言之，快樂之事與適於生活之行爲，當成並行之勢。人類之活動，漸漸與道德爲一致，終焉只有快樂而無所謂苦痛，此則斯賓塞結合快樂與進化立言之微意也。

斯賓塞此說，以快樂爲有特別意味之存在。從來道德學者，以快樂爲危險有害，甚至視爲罪惡而與道德不相容。試觀禁慾主義者，以求快樂爲不道德，道德與快樂之間，成爲絕緣不能兩立之見。斯賓塞則以兩者之間雖然無緣，終則全然一致，而唱道德即快樂，快樂即道德之說。此就快樂之位置，於倫理上立一新紀元，大有供與吾人注意之價值。

要之斯賓塞者，以社會進化爲基礎，反對從來之個人本位主義，而大唱其社會本位主義者也。不過其說側重社會一方，結果又陷於誤謬，不無可惜。究其所謂誤謬爲何？彼惟以社會爲能動的，亦惟社會爲有原動力；個人爲所動的，無任何意味之原動力；而大唱其一切活動操諸社會之社會萬能論。若認彼說由極端個人主義之反動而起，則誠有極大之意義與價值；然而社會萬能論，則又陷於一極端，而與個人主義均之爲無眞理。且以斯賓塞社會萬能之說爲正當，則道德之說明爲不可能。一切人之活動，既爲社會所使然，則各個人之活動，各個人之自身爲責任者，又何能以道德意義，予於人類之活動。吾人之自身，爲自定目的而實行的活動者，不認許此，則道德責任之說不能成立。社會誠有道德的責任，然而一惟社會之是重，則其失與偏重個人等。斯氏之說，殆未審愼及此也。

如斯賓塞之說明，不啻執人而傀儡視之，即以社會之大力支配人類之心身而使之活動也。嘗見津市熱鬧場中，有爲傀儡戲者，自其上方下垂纖細之繩以繫傀儡之手與足，使爲種種之活動，一見如生。斯等活動中，談笑，歐殺，竊盜等技，不一而足。在場之警察，不爲公權之干涉，而觀衆等亦不施以道德之責罰。是何故，於傀儡無道德的責任也。即此等之活動，非傀儡自身之自由決定而來也。吾人自身之活動，若一惟社會所左右，其不能問道德的責任亦然。果爾則人類之活動，直等於自然界物質之活動矣。被擊於桴而鼓鳴，與夫被動於社會而有人類之動作，直無二致。是故人類之活動，依斯賓塞之說，爲起動原因之結果，而非目的原因之結果。活動者之自身，自立目的而自實行其目的，由此決定所起之活動，爲目的原因之活動。至如自然界現象，活動引續所生之結果，爲起動原因之結果；而對於此起動原因之結果，不能問道德的責任，猶之對於風吹河流，不能問道德的責任也。反之起於目的原因者，則不能不問道德的責任，即應與以善惡正邪之道德的判斷。斯賓塞以人類活動爲基於起動原因，而非基於目的原因，以至過於置重社會而抹煞個人，終至失却倫理學本身之意味，甚爲可惜。由斯賓塞之見地論之，則孔孟不必爲聖賢，而盜跖亦不必爲奸惡，任何皆社會所使然，與本人之自身無與。我躬縱肆爲邪惡，然而可得諉爲非我所爲，有立於我前之社會在。如是則彼善此惡，甲非乙是等道德的區別，不成爲多事乎?!

要之斯賓塞，其爲極端的社會萬能說，誠不免於誤謬，至其排斥極端的個人主義之點，則亦不無發揮眞理之處。尙論者分別取觀可也。

第八節　直覺說

直覺說（Intuitionism），爲人類生而具備之一種特別的道德能力，即良心（Conscience）之特別的道德能力，不俟考察，不俟經驗，而爲先天的活動之說也。又良心不經推理，直接的——直覺的（Intuitive）示善惡於吾人。吾人依此能力直覺的所示，善者爲之，不善者去之，惟良心之所命而行之說，爲直覺說。

於此評論直覺說，將進而述余意之標準論。以余所見，良心當認爲一種道德的原理。直覺說所說之良心，與余所說之良心，其間不可不立明白的區別。如直覺說，良心爲生而具備之一種特別的道德能力，是良心自始即爲完整的，無發達進步之可言。盡人皆同，無老幼男女古今東西之異致；細一思之，殊無當於事實。何言之，同一事也，昔之人以爲善，而今之人或以爲惡；西洋人謂之善，而東洋人或謂爲惡；又同一人少時以爲善而爲之，至老則或以爲非而棄之。良心變遷之爲事實故也。良心者，積個人的經驗而積漸養成，又爲社會的生活而益臻發展。然而如從來之直覺論，則良心於人，直成爲固定的形式。不知良心依時而異，依地而異，同一處所，依於地位階級而異，同一人羣，依於境遇遭逢而異。因之而良心者，遂不能不認爲應於經驗變遷之物。果爾則直覺說不啻自摧其立說之根據矣。

其他直覺說尙有最大困難之點。欲窮此旨，不得不先考直覺說之功用。自來道德判斷之方法有二，不可不知，即道德判斷之二種形式是也。二者，一則依於法則（Law）而爲判斷，一則基於目的（End）而爲判斷，要之均爲道德判斷之標準。其以法則爲本而下判斷之時，通例用正（Right）邪（Wrong）之詞。以目的爲標準而下判斷之時，通例用善（Good）惡（Bad）之詞。法則云者，由外部所與命令規則之意義；目的云者，就其自身急切追求之自覺心言之也。

於茲所生之問題，即以法則爲標準而下判斷，與以目的爲標準而下判斷，一爲審其區別，即法則標準，爲道德上之末務，目的標準，爲道德上之本圖也。由外部所與之命令，不能爲道德判斷之根本標準；自覺其當爲此事而有急切追求之目的者，方可爲道德的標準。雖然在人類發達之歷史中，如何時期以法則爲標準？又一人之身，由孩童而至於成人，如何時期以法則爲標準？無論何處，其比於目的標準之發見爲先。未開時代，其行爲爲法則的趨避，一至開明，其行爲即成爲目的底追求。孩童之時，爲受外力之活動，一至成長，則即成爲自立目的自定理想之活動。是故由時間的順序言，則法則標準爲先現的；而由道德的意義言，則目的標準爲根本的。又法則標準之先現，不只爲歷史之已事，即在今日文明諸國之國民中，多數之庸人，概以外部所與之命令規則爲標準，而非以自己急切追求之理想爲標準。至於自覺其有應當追求之目的，而據之爲道德的判斷者，則惟道德意識發達時期爲然。

第九節　他律與自律

再以他詞區別前述之二形式，一則爲他律的行動，一則爲自律的行動。而此他律（Heteronomy）與自律（Autonomy）之區別，亦於道德標準有切要之關係。事之爲善爲惡，不訴諸自己理想之目的，而惟準據自身以外之較有權力的規則命令者，稱此爲他律的。反之則事之爲善爲惡，不假外力，一認自己理想之目的，以爲善惡區別行動之據者，稱此爲自律的。

道德之標準，不適用他律性，要之不可不爲自律的。此卽道德法律之所以分也。法律爲他律的，不問合於道德理想與否，背於法律，則爲有罪而受相當之制裁。道德爲自律的，確認某事當爲，某事不當爲，如是而爲合於理想的行動之時，道德的善，卽爲成立。若只合於法律者則異是。蓋自律與他律，兩者性質固有不同也。

如是而道德判斷，畢竟有二種形式。卽前所述之法則標準，目的標準是也。試一回顧人類之歷史，則在古代，惟蜷伏於酋長，僧侶等有權力有知識者命令之下，視其所施命令，爲唯一之標準。而人類智識日進，因之而悟道德的標準，不當求之於外而求之於內。此卽直覺說之所由起也。直覺說於倫理思想發展史上，有如是之價值，充分認得此價值，則不可不詳究他律的法則標準，其缺點爲何。

以外部的法則爲標準，其困難之點殊多。茲姑舉其大者言之，外部的法則，種類繁多。例之政治，宗敎，道德各方面，莫不有其應守之法則，名稱雖異，而其爲外部所與之法則則皆同。卽自身以外所與吾人行爲之規則爲一致也。假設此種規則之間能趨於調和，當無何種問題之發生。卽道德法則之所命者，果卽爲國家法律，宗教戒律之所命，則自有以收感應一致之效。否則一方法則之所命，而與他方有衝突之時，則何去何從，不無游移困難於其間。此時基諸理想以爲處置，雖曰可能，然而必須別求可爲準據之標準，則其外部法則本身之衝突，其不能有何處置，已成昭然莫掩之事實。抑或擇其另一法則之善者以資應付，是仍有待法則以外可爲判決之標準，只據法則之本身，仍有迷於處置之勢。此其困難之點一也。

又或舍宗教政治等法則，而專就道德的法則言之，則仍然有同樣困難之存在。道德的法則，亦有種種。勿僞，勿虐，勿盜，皆是也。然而此等道德的法則，若果互爲調和，則亦無何種問題之發生。否則彼此之間，衝突一起，則仍然有窮於應付之勢。舉例言之，假令父母不幸而罹篤疾，經醫生之診斷，謂其將瀕於危，此時走向病人之側，若有所問，將執何辭以爲對乎。於斯時機，倘無其他可爲準據之法則，則將窘然莫知所對。一方有無詐言之法則，一方又有病者催詢之情態，若如常道而論，則惟有如醫生之言直告而已。然而否否！於時有他之法則焉，即謀病人之安全是也。爲病人計，而不得不飾詞以安其心，此誠臨時應變之道，與勿僞之法則，若顯然不相容，而若捨此法則以外可據之標準，則又無其他善道以資應付。此其爲第二之難點。於斯時機，如前所述，不能不依法則以爲處置，而對於病人，則又不能不另設特別之法則。例之人言勿僞，但須付病人之前不在此限之但書。有斯規則，則對於病人可得飾詞矣。然亦非任意妄言而已；假設病人之前而以任意妄言爲宜，則以毫無關係之人，竟可乘此方便而爲利己害他之詭計，夫豈其可！是又不可不附加但書之但書，即僞言須在謀病人安全範圍以內。此皆固執前項之法則，不能予以滿意之解決也。

復次則以外之法則，爲執持之標準，則又不可不備所在皆宜之規則。本來規則之爲物，乃機械的，固定的。而人間之行爲，與其所處之境遇，繁頤錯綜，大有變化莫測之勢。以一定有限之規則，而當變化莫測之環境，幾可而不成爲窮於應付之勢？倘必拘定儘恃規則以指導人類所有之行爲，則除應於所有之境遇而定無數之規則無他道。無論此等煩苛之手續，不能有濟，縱使能之，恐亦徒勞而無功。是則徒恃法則以指導人間之行爲，終爲不可能之事。此其困難之點三也。

復次則徒以外部法則爲標準，往往使人設口實而縱私慾，至於養成欺人自欺，忝不知恥之惡傾向。試想吾人從於誘惑而欲爲非之時，諸多之法則中，其可爲長惡遂非之具者，何在無有。欲食甘旨而縱口慾，則以富於滋養爲口實，信步而入庖廚之門。欲避勤讀而躭晏游，則以提倡體育爲口實，逍遙而入五都之市。其他躭朝寢，溺賭博，但爲意之所在，隨在皆有可假之規則。此即所謂設口實而縱私慾，爲時下流行最壞之積習。學校拘執規則以管理生徒，而生徒反藉之以爲惡行者，固數見不鮮矣。此亦法則標準所生弊害之一也。

最後則僅就規則言之，則必比之吾人爲有大力有强權者所與之命令而始從之。何以從之？謂夫從其規則則受褒，背其規則則受貶，又從之則感快樂，背之則受苦痛，換言之，則隨其規則而有制裁，而一般對於規則之恐怖與希望，即爲所以從其規則之原因也。亦爲有制裁所以爲善而去惡之理由也。既曰服從規則之動機，唯恐怖與希望，又爲受褒而避罰，則其爲制裁而實行規則，而非以理想或目的爲取舍之標準可知。爲制裁而爲之者，不能爲眞的善行爲，道德上非有充分可獎之價値。且迫於斯等動機之行爲，畢竟爲腐敗道德心之媒介。此又法則標準主義之一大弊害也。

外的法則標準，如上述之難點，則以此而爲道德標準，其不當夫何待言。然而文化尙未發達之種族，以及幼稚之兒童，則未覺悟及此，一惟酋長僧侶，以及父兄教師之命令爲標準。及夫程度漸進，則漸悟此種標準之不當，别求所以滿此缺陷之道，於是而直覺說乃應之而起。

由外部所與之命令，非眞正的道德標準，自己内心之命令，乃眞正的道德標準。吾人有生而具備之一種特别的道德能力，即所謂良心（Conscience）之特别能力，自始卽宿於精神之內。此卽內部所發某事當爲某事則否之命令，從其內部之命令而行，爲道德上之善，否則爲惡；如是之說爲直覺說。卽將外的法則，而易以內的法則也。

直覺說之意義如何，既如前述，稍一深思，則與法則標準爲有同一困難之點。卽直覺說之對於良心所見有差故也。彼謂良心有生而具備之特別能力，卽此遂與外的法則標準，陷於同一之弊害。果如直覺論者所云，則吾人從於良心之命令而行，仍爲一種外部之命令，而與現在之我爲無緣。如斯意味之良心，與現在企圖之理想目的，大異其趣。吾人之自我，於社會生活中，蓄積諸多之經驗與繁變之境遇，徐徐進步發展而來。此由社會生活養成之自我，當與所認之理想目的爲一致，與理想目的一致之行爲，卽爲道德上之善，否則爲惡。如直覺論者所說，則吾人者，不須社會生活種種的經驗。而一依於先天完成的良心之命令而行，自我觀之，如是良心之命令，畢竟成爲與我無緣的我以外之命令，而吾人不得不從之而已。舉例言之，假定某家而有自始僑居之某男，頻頻施其權威，而下買酒買肴所求必遂之命令，家之人以其爲特別能力者命令之故，不得不唯唯諾諾以從之·如是依於自始僑居某男之命令，而自其家人視之，當爲依於家規卽其家固有的理想目的以外之事。就其家庭之歷史言，當有其素行之家規，及其自具之理想和目的，基於此等理想目的，而其家長爲家族而開晚餐會，先期使爲肴酒之設備·如是當爲依於家庭本身目的之指揮，而非受自家庭以外之法則。藉非然者，若唯從於有權威者某男之命令，此則不爲基於家庭固有理想目的之命令，而爲依於一種特別能力之命令而已。雖某男爲由外而入居於內者，而與家庭以外之命令，其性質究無何等之差異。

直覺論者所言道德的能力，有如上喻。自我觀之，則爲自我以外之事，非由自我之理想目的認爲不得不然之事，不過爲與我無緣之特別能力者直覺的命令而已。吾故仍認此爲他律的，此與自我之自定目的理想而奉爲標準者，全爲兩事。家族者，以家庭之固有理想目的之家長命令而從之者，爲自律的。若惟僑居某男之命令而從之者，則爲他律的。是故直覺說，與外的法則標準，一見似異其趣；而由性質言之，則同爲他律主義。直覺說者，蓋仍爲一法則主義，立他律的標準之論也。憑特別的能力，而不問自我應如何發展，爲如何狀態，殆全然爲他律的。又此特別能力，既認爲自我的一部分，而以全體的自我，服從於此部分之時，則仍爲他律的。蓋必良心之命令，爲全體自我目的上發出的命令，而始爲自律的。否則如直覺說者之見，以全體的自我而至不能不服從於某種特別的部分，則可徑斷其爲他律的主義矣。

如上所述，爲直覺說之一大難點。直覺說之由來，在於訂正外的標準之謬誤，而結果則不能脫出同一之難點，誠爲可惜。推其謬誤之由，總之不外良心解釋之乖異。良心者，直言之，爲心之全體道德活動的意識，而非宿於內部之某種特別力。心之全體，活動於認識方面，爲知識，關係於美術方面，爲審美心，至其表現於道德時，爲良心。非吾心內部某種特別部分爲良心，他之特別部分爲知識，又他之部分爲審美心。總之爲全體之心而爲部分的活動表現而已。

是故良心之爲物，決非生而具備之特別能力，乃與心之本體發展進化，同其進度者也。基於心之全體，自定目的，自立理想，而支配統御其心之各部分，是卽爲良心之顯現。心由種種之要素而成，全體的自我，應如何規定其理想，則不外基於理想而支配統御其內部各要素。稱此心之統御支配其內部各要素時，卽爲良心活動之詞。此不能以特別的能力視之，蓋爲自我全體的良心作用也。直覺論者於此未曾注意，所以陷於前述之謬誤，爲訂正外的法則主義，而其自身又不免陷於他律的主義矣。

第十節　良心說

余之倫理說，亦爲一種良心說。不過余之解釋良心，與直覺說之解釋迥異。

以自我全體之理想爲本，統御支配自我之各要素，即爲良心之活動，已如前述。是故從於良心之命令，即成爲自己之目的和理想，而非由外部所與之法則標準可知。是非法則標準主義，而爲目的標準主義也。斯即以自認之目的理想爲標準，而到達自己之目的，實現自己之理想，即使自己爲美善的完全的發展者也。換言之，即爲實現自我。是故良心，由今之解釋意義觀之，畢竟成爲自我實現的良心說。如是以自己之目的理想爲標準，故非他律主義而爲自律主義；此爲自立法則而自實踐之事。不待言從良心之所命者，即爲良心所與之法則，而非由外部所與之法則。以自己之理想目的爲法則之基礎，而非以法則之本身爲基礎。由是以觀，道德判斷之二種類，所謂法則標準與目的標準，孰得孰失，不俟煩言而解矣。

此爲自律與他律之區別。所當注意者，雖由外部所與之法則，苟自覺其爲眞善，有可從之價値而即從之者，是亦爲自律的性質。不詳審其爲善爲惡，只以其爲法則之故，受命而爲之者，是則全爲他律的性質。例之學生由教師而受應爲某事之命令，此時生徒若眞自覺此事爲善，心悅誠服而從之者，則非純粹的他律，而已成爲自律之意味。否則中心本以此事爲非，徒以其爲教師之命令，而不得不苟且遷就者，則已屬於他律的範圍。由前例以觀，則吾人之自覺的行動，卽爲自律的精神之所在。是故學校教育，於生徒爲種種行動之際，雖不廢乎命令，而必使生徒自覺其所命者爲善，而後布之文告，訓示遵行，斯爲訓育之要道。若只以其爲命令之故而爲之者，則非充分的道德行爲；是只可爲法律的善，而不得爲道德的善。道德的善，自律的認爲當爲而爲之者也。縱令一般社會皆以爲善，而返之自身不認爲善，徒以輿論僉同之故而後從之，終不免爲遷就苟同之見。由法律輿論所認之善，不能爲道德的善。無論何地何時，自律爲道德生命之中軸，有不容或忘者也。日本人者，富有他律的性質。——譯者按我國民性自審爲如何——以過去之歷史言，此弊之表見，殊不爲少。矯斯弊害，於國民之發展爲必要。是故自律主義，不只於理論上爲當然，實際上亦爲最切時弊者也。

自律云者，絕非蔑視一切自便私圖之謂。此意當詳於後文，而由良心之性質考之，亦甚明曉。良心由社會積漸含育而成，各人良心之內容，爲共通的；依於良心之命令，同時卽與社會之標準爲一致。此卽結合自己理想與一般理想而一以貫之者也。良心既爲社會的性質，則自律之非蔑視一切，自便私圖，更顯然矣。

總之良心之性質，爲各個之心，同而有一般的共通的內容。個人的，同時又爲社會的，此良心之所以爲良心也。若此而僅爲個人的性質，則從良心之命令，實不過爲滿足私利私慾而已。抑或單純爲社會的性質，則滿足良心者，而無以滿足自己，惟以社會一般之命令，爲無意義的服從，大失自律的性質；於道德的行爲，極少價值。只期不反於法律，或協同於輿論，捨棄自己之所信，不問爲善爲惡，唯社會一般而盲從之，是全忘却個人之價值者也。良心不然，個人的，同時又爲社會的，卽前所云具體普汎之謂。是故從良心之命令，一方滿足自己之理想，同時又爲滿足社會一般之理想；合此兩者爲良心之特質，亦爲道德標準最要關係之所在。此義當於後文良心之實質，再爲詳述。茲直轉入前意，由外部所與之法則，非眞正道德標準，而必以自己所認可以實現之目的爲標準，斯卽所謂倫理的目的也。

第十一節　倫理的目的

所謂倫理的目的，其性質如何？第一：不可不爲自覺的追求的目的，此與生物目的根本差異之所在。一切生物，各爲遂其某種目的而爲不斷的活動。植物爲自己種族之繁榮而開花結實。動物亦然，其爲種種之活動者，亦爲適於某種目的而然。然而此等之植物，動物等，爲時時之活動，彼固不自覺其有何等目的而爲之也。蓋爲不識不知的活動，而自達於某種目的而已。此非所謂倫理的目的。倫理的目的，爲自覺的追求之事。惟人始自覺其有應當追求的目的，而且得爲追求的作用，此與一般生物之所異也。

次之不可不爲個人滿足的追求。於斯意味，倫理的目的，爲個人的，即前心理的善所謂自己滿足是也。自己滿足，即於己爲善之義，不然則不成爲其人之目的。所成爲目的者，即其人所認爲善，而有滿足其人需求之必要也。

雖然只惟滿足自己，即於其人只爲心理的善，尙未備具倫理的目的之資格。自己滿足，同時不可不爲理想的滿足，即心理的善，同時不可不爲道德的善。於其人所認爲善者，即爲自己滿足，此爲動機普通之形式。然而任何動機，不皆爲道德上善之動機。心理的善，亦不必皆爲道德的善。是故倫理的目的所謂滿足自己，不只求其滿足而已，同時須有滿足的理由與滿足的價値。即自己滿足，同時不可不爲自我全體理想之滿足也。

例之今晨早食之前，余腹忽餓，欲歸而食早餐。於此時機，則食早餐，自當與己爲滿足，亦即所謂心理的善。而在倫理學講述期間，未至適當之段落，匆遽言歸，殊有未當，此不得爲道德的善，即不得爲理想的滿足。於是忍飢不歸，須經三十分或一時間之談話，講論終結，然後言歸就食，乃爲善舉。誠然匆遽歸食，可謂心理的善，與自己以滿足。而茲更欲續其倫理的講述，是爲心理的善，同時尊重道德上當然之理由，卽爲自己理想之心理的善。由選擇此種心理的善，而倫理的目的，於以成立。是故一切心理的善，不皆爲倫理的目的，倫理的目的，不可不爲自我之道德的理想，卽不可不爲自我之全體的目的。腹飢求食，爲自我部分的目的。於此時機，而有續其講授之理想，此卽所謂自我全體的目的也。自我全體之理想，隨時而變，不能强同。今之繼續講話，卽爲全體理想目的之所在。苟非如是選擇自我全體的目的，滿足其時之自我，以道德的善而爲心理的善，則尚不得爲倫理的目的也。

今再就自我全體之目的與部分的關係，應當注意者而一述之。離部分的目的，則全體的目的，不能成立。全體目的之實現，不能不有待於種種部分之目的。本來自我云者，集種種之要素爲一體系的組織。所以種種部分的慾望，作成系統，而自我全體之目的，於以成立，無部分之系統者則否。是故無論如何而排斥部分的目的則大差。企圖成立全體之目的而使之滿足者，即不得不尊重其部分的目的。雖然尊之云者，在貢獻實現全體目的可得滿足之範圍，而得隨時伸縮者也。任何部分，不能一一得恣意的滿足。就其實現全體的理想，此部實現，即與此部以滿足，彼部實現，即與彼部以滿足，其間有相當之比例。應就其比例之部分而尊之，非盡各部分而一一尊之也。關於此點，評衡諸家之倫理說，蓋有不少謬誤之解釋。續述於後。

第十二節　禁慾說與尼采的超人說

禁慾說與快樂，直覺等說，同爲重要之學說，茲更就此而一一申其意見。康德爲禁慾說之代表者，彼以感情慾望爲不道德之根源，必先爲嚴密的防閑，而後能達於道德的理想。此不達之言也。須知以禁絕感情慾望爲實現道德理想之工具，猶之緣木求魚，爲絕不可能之事。人而無感情慾望，第一則行爲不能成立。感情慾望，譬之爲機車之石炭，不焚石炭則不能運機車。禁慾說者，其即不焚石炭而欲運轉機車之類也。感情慾望，於其自身本不爲惡。誠然惟意所之，盡感情慾望而求滿足爲非宜。而就常情言之，吾人於某時有應實現之理想，爲實現此理想，而慾望與感情，必有其前進活動之適當位置。在此範圍之慾望感情的活動，即爲道德上之善，否則逸出範圍而爲任意的活動，即爲道德上之惡。慾望感情之本身，無所謂善惡；其善其惡，視實現全體之理想，是否爲適當之活動，與有無相當之貢獻而定者也。再以淺事爲喻，求食之慾望，其自身無所謂善惡，當食而食則爲善，不當食而食則爲惡。又於食時無過不及，爲適當之供帳者爲惡善，否則放飯流歠，爲過量之要求者爲惡。此皆因人之嗜食程度而定，若謂食慾本身之有善惡，斷無是理。

一言慾望，盡人而易聯想於卑劣之途；然而求學，濟衆，以及探究眞理種種之企圖，亦爲慾望。是等慾望，在貢獻實現自我全體的理想範圍者爲善，逸出此範圍者爲惡，蓋與其他之慾望，其實質同也。

要之慾望感情，不問如何而唱嚴密防閑之說，與夫盡量而求滿足之本能滿足主義，同爲陷於極端之學說，其違反中道則一也。然則吾人之主張爲如何？是當於實現自我理想，統御感情慾望之範圍內，爲適當之尊重而求滿足。如是則適於道德之目的；而自我全體之理想，亦不難計程而實現矣，

尼采（Nietzsche）者，實唱導前述之本能滿足主義，驚倒近代之思想界者也。彼以吾人所有慾望，應盡量而求滿足，所謂慾望之統御或節制，胥爲無理之尤者。彼之爲人，於其女弟及其親友之文書觀之，實爲一富於柔情之人而有不勝其苦者也。以彼所思，人不宜示弱而宜示强，不宜憐憫補苴以求全，而宜奮發爲雄以馭衆。濟弱扶傾，于人世爲禁物，捨己爲他，於道德爲下乘。本來進化云者，爲優勝劣敗之結果。若欲人世進化，盡人而爲優秀健全之人，則及早而使强者

勝利弱者滅亡爲最宜。同情於弱者而憐之扶之，則競爭之能力不彰，因之而進化之效果不著。是則對於弱者仍以根本拔除不使再甦而後快。不惟打倒弱者而已，苟遇有打倒自己之優者，則亦甘拜下風，捲甲韜戈，而使舉世爲強有力者之天地而後快。蓋惟勇猛進行之足貴，亦惟此爲眞道德。如從來之宗教倫理，重同情，教博愛，非眞的道德。彼以此等道德爲奴隸的道德，而彼之所唱者，則爲君主的道德。若果顛撲柔弱之道行，則優勝劣敗之工作已具，而凡卓越優秀之理想者，當然奪得最後之錦標而巍然獨存。以其爲壓倒庸衆之主張者，故呼之爲超人（Uebermensch）云。

尼采發表如斯大膽的意見，誠有味乎其言。至於如何當爲及不當爲之道德的規範，舉非其所顧及，而統御節制慾念之事，尤無理由之可言。人不應被束縛於道德法則，應儘所欲而爲自由的發展，其視理由法則，蓋無一可拘守之價值也。實則尼采自身，感受過重柔弱之弊害，因而矯枉過正，唱爲上述之極端自強說。

明乎此則尼采此說，實含自救救人立起沈疴之微意。然而以如是思想，傳於競尙血氣之青年，則有大堪注意之點。彼等本有任情縱欲滿足本能的危險性，得此便利的口實，有不高張放恣生活於尼采主義旗幟之下者耶？是則可爲焦慮者也。

康德之禁慾說，其所見適與此反。蓋彼則爲極端的禁絕，而此則爲極端的放任也。極端放任，固爲害於人道，而極端禁絕，亦徒自斲其道德的生機而已。過與不及，其失則同。要之道德上所當致力者，不外基於全體自我的理想，支配所有感情慾望的動作。換言之爲從於良心之命令，而統御其感情慾望的動作。良心之爲物，非如直覺說者所言生而具備之一種特別力，而爲全體自我活動之意態。卽實現自我理想表現之活動的態度也。是故良心者，成爲自我實現的原理，而帶自律的性質。本來吾人之心，非單獨孤立之物，由社會生活間積漸養成，其內容則通萬人而一致，關於此心道德理想之活動爲良心。然則良心之性質，個人的同時又爲社會的，夫何待言。兼此二者之性質，爲道德標準要點之所在。因之滿足自己之事，同時卽爲滿足社會一般之事。是故良心主義，至是則成爲洽善主義。或兼善主義。而從動機言之，則爲良心主義，由結果言之，則爲洽善主義；皆一般之所夙夜追求者也。將此點而再鄭重言之，個人的，同時又爲社會的；個人之心，同時卽爲各個之社會心。此爲余之倫理學說中心的部分，有不嫌諄諄詞費者也。

第五章　社會我

如前所述，普通之快樂，為極端之個人主義。而斯賓塞則唱極端之社會萬能說，反對個人主義，以社會全體為唯一之實在，而蔑視部分的個人者也。稱此為普汎主義（Universalism）。

個人主義與普汎主義，二者共為陷於極端之弊。由個人主義，則只個人為實在，社會不過為一空名，而為多數個人代用之詞而已。由普汎主義，則社會為唯一之實在物，有唯一之原動力，而個人者，一如社會大海之波瀾，任其簸弄卷舒而不復有自主之能力；即個人意義，亦為依於社會得來。二者舉非正當之論。偏重個人不認何等社會之性質，此大乖於事實。反之則偏重社會，而以個人無任何能力，與道德事實亦成矛盾之勢。如是而個人萬能與社會萬能等說，以其陷於兩極端之故，不能持為道德的定論，而余之所未敢贊同者也。茲就個人對社會之關係而一申余之意見。

第一節　個人與社會之關係

以余所思，個人與社會，決非兩不相關之事件，實則一物而由兩面視之，遂有個人社會之異解；非個人之外又有所謂社會者存也。又社會之心何在，即在於個人之心。個人之心，同時即爲社會心；此則較爲可信之眞理。不過個人與社會，名稱有差，吾人於此，往往誤爲各別的存在。是故或過重個人而唱個人主義，或過重社會而唱普汎主義，又或取折衷之見而唱個人社會並重說。余之所見則異是。人間社會只有唯一之實在。由一方看，則爲個人，同時由他方看，則爲社會。此爲余見之所在，今就此而詳釋之。

姑舉簡單切要之點，則我即個人之心，各個之社會我，即爲各個之社會心。人間社會，隨在可見爲社會我，而非純粹的個人我，此爲個人社會關係正當之解釋。吾人各自之心，非單獨孤立的，吾心之內容，與一般人心之內容，爲共通的。猶之吾等平日所用之言語，非個人的，而爲社會的，具有人己共通的內容。推之某人之思想，感情，與其他心之種種內容，均非其人個人之事。其人之我，同時卽爲社會我，其人之心，卽不能不謂爲社會之心也。然則此心之共通內容爲何由而來耶？是於長期歲月之社會的交際間，由我而與種種之影響於他人，復由我而受他人種種之影響，於一與一受之間，漸漸養成爲今日之心的狀態；盡人所同，不復有劃然的區別。試一解剖余之心，與解剖一般人之心，當無二致。吾儕人類之心，自始卽爲社會我之存在，唯發展之程度，有種種之差異。試一迴溯往古若干年之歷史，不能於某時某處認出何爲個人的心；卽使限定某一時代，而某時代某一人之心，卽爲某時代一般社會之心，一爲解剖某人之心，與解剖某人以外之社會人人之心爲一致。例之余今於此講述一種倫理學說，此不能爲余一人之見。蓋受種種之思想，感情，與其他種種之影響而積漸養成者也。不只受入而已，亦或由此而與多少影響於我以外之人人。總之爲在社會交涉中得來之思想，而不能爲余一人之思想。由社會養成而爲余心內容之思想，只以余爲講述之故，自不能爲余一人之思想。彌由黑德有言：著書者於書本標題，朗署著者自己之名，甚爲不當；勿甯列舉古來諸大思想家之名，而將自己之名，附之驥尾，以垂久遠，倘屬相宜。蓋非著者其人自出之思想，實爲社會一般思想孕育而成者也。

各人之我，卽爲各個之社會我，雖發展之程度有差，而其爲社會我，則並無二致。今爲說明此點，姑舉兒童心理發展之階段以作參考。美國心理學者波爾登（Baldwin）於其著書中，就社會我有最適切之說明。其言：兒童之心理爲如何漸漸發展乎？其初生也，尙無明白自覺的活動。及其漸漸成長，則首先注意者，卽爲與彼直接關係的母親，乳母，以及予以調護的保姆。此時認此等之人，不過爲各別的存在物。久之以此較之人以外之器物等，則見此等之人能爲特別運動，及最複雜的活動，而漸漸予以注意矣。總之以母，乳母，保姆等爲一種特別存在物，於以構成一時的意識。其認爲一種特別存在物，即人格概念爲如何的內容乎？其初孩兒自身的人格，尙不自知，即無自我的自覺。總之以母親，乳母，保姆之人格，認爲自我人格的內容。此後漸漸成長，於自身之種種活動，漸知注意，然而仍未有眞實的自覺；惟時時凝視其自身手足之活動，一如所認母親，乳母，保姆等於我前爲種種之活動而已。自動其手，自動其足，乃至自動其身體，久之自認其所動之身體，與認其母及其他之人格同，而漸自覺其自動之手若足，與自身以外存在諸物爲兩事。扣鼓則鳴，彼之所知也。自扣其足，鳴則鳴矣，而特感覺一種痛苦，與扣外物之情形異。自嚙其指，亦感奇痛，與嚙玩具異。此時注意此手此足之爲在己矣。蓋至是而始自覺其身一如母及乳母保姆之有人格矣。

如前所成自覺的態度，一考其自覺養成之階段，先之於他人之人格，而認爲自我之人格，蓋只認有客觀的我，波爾登稱此爲（Objective Self）。次之於他人所認我之內容，盡皆移爲自我人格之內容，而至認有主觀的我，波爾登稱此爲（Subjective Self）。一旦自覺其自我人格之內容，則自我爲某事而爲之精神的活動及肉體的活動，均直接知之，而識得自我價值之所在。如是以思，初則認他人之人格，而取他我之內容，爲自我之內容；至於自覺的確認其自我時，則又欲發表自我之內容，而爲他我之內容。概括言之，所謂自我者即他我，他我者即自我，自我他我，一而二，二而一者也。兒童見他人之動作，則思模仿，此即將他人人格之內容而爲受入之活動也。一再模仿，久之則自我人格之內容，與他人之人格，不約而同，形神畢肖矣。雖然兒童不只爲模仿之活動而已，同時而又有好强之天性，即遇有與自己人格內容差異時，則即强人從己而爲步調齊一之活動。此態度多於同等以下者施之，此即將自我人格之內容而爲發表的活動也。如是一方爲受動者，於他人受入種種的內容；一方又爲能動者，向他人感發種種的內容。爲是之故，吾人人格之內容，縱非悉數皆同，而共通的內容，爲其最大部分，則毫無可疑者也。

兒童好爲模仿之例，一般之所熟知，不再詳述。茲再舉一兒童好强而以自我的內容概視一切之例。兒童常爲漫畫，有時以其所漫畫者爲犬，無論眞實似犬與否，而彼則洋洋自鳴得意，以爲一切之人都如我之所認爲犬也。此時若有以是犬告者，在彼則傾滿腔之同情而不勝其歡喜；否則或持多少之異議，不以爲犬，在彼則以爲怪事而不勝其嗟訝。我以爲犬，如何而非犬乎!?此即蠢量投出自我之內容，以爲一切之人，都與我同，有不然者，則若出於情理之外者也。然而無論如何好强之兒童，若我以外之人，皆以此畫非犬而爲馬，此時則生未知然否之疑問；以爲多數之人皆以爲馬，當可作馬觀也。至是則他人人格之內容，將要取入自我人格之內容矣。此即他我內容移爲自我其間躊躇顧慮之概況也。若由是而悟畫馬應當如是，此時則受他人人格之影響，而以他人人格之內容，移爲自己人格之內容，在兒童思想發展上，當爲一程之進步。若再經人指點，如何揮毫則爲犬，如何運筆則爲馬，由多方受入種種之意見，經中心考慮後，信爲有至理之存在，此時則已成爲受教之態度，而將他人之人格，取入自己之人格，在人格發展上，更爲一程之進步矣。如是遇有儕輩中劣於己者之繪畫，則抵掌而爲大膽的批評，汝畫非犬，畫犬應當爾爾，此即取出自己受於優者之內容，而欲使爲劣者之內容，亦即發揮自己受入之內容而爲同化的態度。或者遇有狡抗頑童，不受同化而且反唇相譏，被其壓倒者。總之爲一方受入之內容，於他方又投出之，結合而爲且取(take)且與(give)相互之影響。由此取與之間，漸漸養成共通的內容。兒童初生，即含有共通的內容；及夫營社會生活，爲且取且與的活動，而共通的內容，愈益增加，愈益豐富，久之而各自之人格，亦愈益發展而至於成熟矣。

如上所述且取且與之活動，可信吾人各自之我，非單獨孤立的我，而爲各個之社會我。不只兒童精神之發展爲然，即成人亦有之；於日日爲相互的交際間，發揮自己之思想，而使爲他人之思想，更取入他人之思想，而爲自己之思想。其他讀書，看報，以及欣賞藝術的製作品，於其間取入他人種種之內容。而在己亦以同等之手段，發揮自我之內容，與他人以種種之影響。於相互影響間，而相互之心，漸漸發展而至於成熟。是故各自之心，非單獨的，而其內容爲共通的，無彼此之別者也。

總之吾人之心，若以爲如符節之合，毫未有差，當不其然。此即個人特色之由來也。然而雖不全同，要爲大同小異而有共通的內容；所謂各個之社會我，可於此中一爲體認矣。

第二節　社會制度

如前所述，由大同小異的心之共通內容，可以看出各個之社會我，由社會我而生出種種的社會制度（Social institution）。然則社會制度之基礎何在？曰社會我，亦即各自之社會心。吾人各自之心以外，非別有所謂社會心。所當注意者，如前所述多數人之心，雖非全同，爲大同而小異；但不能出大同小異一切人之心的內容中，抽出其共通的部分，而以此爲社會之心。蓋此非具體的實在物，不過於萬人心中共通之點，於思想上爲抽象的推測而已。舉例言之，輿論云者，即一種抽象的社會心，抽象多數人之心的共通內容爲輿論。輿論者，於吾人各自之心以外，無特別的實在。贊成輿論者其人之心，爲抽象的輿論法蘭西其人特有之心的內容，此爲其人之具體的意見，斯等之心爲實在的。是故求具體的輿論，則不外乎吾人各自之心。只言輿論，不過爲抽象的推測，而非具體的實在也。

如前示例，吾人各自顏面，有多少之差異。然而摘取多人顏面共通之點，抽象思考，以爲人而如何，亦屬可能之事。然而如斯所考之面，即抽象的推測，而非具體的實在。實在之面，則爲共通抽象之顏面，而加各人特有之實質。各人之面以外，無別的人之面。心態亦然，吾人各自之具體的社會我，即以共通抽象的社會心，而加各人特有之實質者也。各人之社會我以外，亦無別的社會心。然而學者動輒以抽象物而爲具體的實在，因是離吾人各自之心，而以爲有別的社會心；此即摘取共通的精神內容而爲一種抽象的思考，是則誤會之甚者也。

總之吾人各自之心，爲各個之社會心，且爲各個異其程度而發展之社會心。縱令依於社會位置境遇如何而有種種之差異，而其爲社會我之性質，則毫無變遷。此即如前所言依於取且與之相互作用發展而來，今後當更本此方法而益發展者也。如是或以余之所考，認爲一種個人主義者，實則不然。除卻單獨孤立多數之個人，爲機械的集合以外，不認何等意義之存在，此爲個人主義之特徵。余則絕不認有單獨孤立之個人集合體者也。雖然吾人各自之心以外，不認有別的社會心，所以極易誤爲一種個人主義。不過此處個人，非如從來個人主義之單獨孤立的性質。各個人之內容爲共通的，但能體會及此，縱令爲個人主義，亦無何等之妨害。如是而社會的性質，換言之，即社會我的各自之心，經過長久歷史間之社會生活，積漸發展，而由社會歷史勢力蒙偉大之影響者也。例之日本國民，生活於長久歷史間之日本特殊的社會，於其社會生活中養成特別的精神。日本國民之心，即爲日本國之心。大和魂者何在？於日本國民之社會我見之。以其由有光彩的歷史，及强固的社會生活而來，所以成爲一般國民眞髓的國民心，有最偉大而最光榮之令譽。離歷史，離國家的生活，不能了解一般國民之社會我。推究此點，則余之所考，似爲一種唱導國家主義者。此姑勿論，惟余所唱之社會我，有與單獨的個人本位之個人主義，混同視之者，則失之遠矣。

普通所用國家之心及國家之人格等詞，若單爲抽象的思考，當無大害。即爲便宜之說，於國民各自之社會心以外，另有國家之心，國民各自之人格以外，另有國家之人格，而使理解稍鈍之人，易於明瞭，當無所害。實際則國家之心與國民之心，全無差別。國民者即國家，國民之心，即國家之心也。是故眞實的國家之心，非抽象的而爲具體的。即於國民各個體內，所認爲大同小異的具體實在物也。國家之心，决非抽象的思想。固然運用抽象的思想，當無所害；不過以實際儼存的國家之心而視爲抽象的則大差。吾固屢言，個人之心即社會之心，離吾人各個之心，而無另一社會之心也。

最前講哲學時，以人格爲具體普汎的，讀者想當記憶。即吾人各自之心，有共通的內容，此即普汎的意義。普汎云者，別於抽象的用語而言之也。各各具體的實在物，總之爲具體普汎的。抽象普汎的，非實在物也。

今後國民之思想，漸漸發展，國家漸漸爲理想的，會須有時，國家爲理想的國家，國民爲理想的國民，於完全無缺的境域，國民之心，當成爲最圓滿最健全的心。其時國民各個之心，爲具體普汎的，同時若合符節而爲完全一致之狀態。大同小異者，現今之狀態則然，彼時則爲全同無異也。如斯理想狀態的各自之心，非抽象的，而爲具體的，非抽象普汎的而爲具體普汎之全同無異矣。

如前所述，吾人各自之心，爲具體普汎的，唯其發展之程度有差，今後漸漸進行，一切人之心，或有歸於一致之一日；此之一致，非抽象的一致，而爲具體的全同。雖然是等理想的狀態，尙在無窮的將來，於事實畢竟爲不可期，此與並行之二直線於無窮期之相合同，實則無相合之可能也。余見尙有進者，抽取人心共通所在而想像之者，爲抽象普汎的，而非具體實在的。然則實在的社會心何在，在於吾人各自之具體的社會我而已。日本國家之心，在於日本國民各自之心。抽象日本國民各自心之共通點，而稱此爲日本之國民性，此則仍爲抽象的，而非實際之所有也。

要之社會我之本身，爲實在物。此者由一方言之，爲個人的，而由他方言之，則爲社會的；即前所稱具體普汎之謂。以個人與社會爲兩事，認抽象物而爲實在物者，此則學者之通弊，殊屬非宜。誠能了解前說之社會我，則社會我者，即個人心，只此心爲實在，而此心以外無別一實在心。是故如斯意味之個人主義，當無妨害。倘與個人本位之個人主義混同視之，則其害之所及，有不可勝言者矣。

既如所述，個人心即社會心，然則眞正滿足自我之事，亦即爲滿足社會一般之事，此爲當然之結果。只爲自私自利者，則失之遠矣。

第三節　社會我之形成——言語

於茲所當注意者，即社會我之如何養成也。吾人思想感情之交換，首在言語(language)，此與社會我之養成有最密接之關係。有言語，能將己心之內容，浸漬於他人之心，復能取人心之內容，融貫於自己之心。不只於同時代間，爲直接的交換而已。吾人由言語之妙，能將一般心之內容，由古而傳之今，更由今而傳之後。所謂言語，不以口舌表示者爲限，書於書冊之上而訴諸視覺，與訴諸觸覺者，皆有言語之效用，而可作言語觀。然則言語亦有種種，有訴於聽覺與訴於視覺之言語，則安知將來而無訴於嗅覺與訴於味覺之言語。試看盲啞學校，有訴於觸覺言語之書冊，盲者觸之於指而循聲誦讀，其明證也。

由言語而交換心之內容，為人類最靈妙的作用，此與人類發展有不可離之關係。有言語而始有社會我，真正意味的社會生活，由言語所為心的內容之取且與的作用而始成立。無言語則無真正意味的社會生活，人類之成為純粹孤立的單獨我與否，雖未可知，而其不成為社會我，則可斷言。以余所考，言語僅於人類能之，人以外之劣等動物則無有。誠然，他之動物，依於進化論之所說，漸漸進化發展，當有如人類之能力，又其得適當之機會，亦或能為言語之妙用；而在今日，雖有較優能力之動物，固未見有如人類之能為言語而運用自若者也。

他之動物，不能言語，因之不能相互交換思想，此則惟人類能之。一般於此，必有對吾言而懷疑者，若貓若犬，其出種種之聲，非相互而為對話乎？至於猿不更能為種種複雜之語乎？以余所考，此不過為動物自然發表感情之鳴聲，絕非傳達思想工具之言語。在人亦有為動物之鳴聲者，於驚駭時則出叱吒之叫聲，悲痛時則出號咷之哭聲，此於一切動物所見者為同樣。反是而驚駭之時，曰「何為其然」，悲痛之時，曰「此天亡我」，此則不爲鳴聲而爲言語。他之動物則有鳴聲而無言語。動物由此鳴聲而得相互表示其意態，相互爲直觀的了解，並能爲本能的種種的活動，然亦止此而已。人則不只與動物爲同一之鳴聲，而且有言語靈妙的利器。其爲言語，非如鳴聲之爲意態自然的發表，所以依於土地，人種而各各有差。日本人之所謂悲，而英國人則謂之梭利（Sorry），然則言語不同，而其爲悲泣之作用，則無不同。英國人之泣聲，不似日本人或英國人之笑聲，然而日本人之泣聲，則絕無異於英國人之泣聲。此卽心情自然發表而爲鳴聲之明證。日本名貓爲納科（ネコ），英人則名爲客他（Cat），斯等差異，則非鳴聲而爲傳達思想符號言語之證據。猿者，任行何處而爲同樣之泣聲。美國之猿語，與日本之猿語，全無差別；不爲美國之猿作繙譯，而於日本之猿，未有不喻其意者。此非如傳達心之內容所憑之言語，不過將感想所及者爲直接的自然發表而已。一切動物，各有此不約而同的直接經驗，否則直無受人之機會；况乎又無記之書冊授與思想之方法耶。人則有言語而能互相傳達思想，以故一人創獲之事，依於某種方法而能播及影響於他人。至於動物，果有爲其自身所發明，所創獲者，其身死，而其發明創獲之事物，亦隨之俱盡。縱有目擊其發明創獲之事而爲模仿者，則亦偶然之巧合；而若以此爲動物社會發明創獲之事，則斷無是理。人則不然，不必直接授受，而能傳達思想，與影響於他人之心。此人類社會思想之進步發展，所以從古至今綿綿延延而未有已也。他之動物，其動物社會之思想，無如是之進步；縱然有之，亦只某一動物就其一生之經驗得來；其身死，則其經驗之所得者，亦隨就淹沒而已。何則，動物不能傳授思想故也。是故動物之思想，無社會的進步，亦竟可謂無社會的思想，只於其自身直接經驗之範圍有思想。不過遺傳的授與，人與動物，概無二致，此不在本論範圍之内。總之動物之思想，與人類之思想，其差別之點，即在社會的與非社會的兩歧而已。若動物之思想，一如人類自其祖先以至子孫曾玄，爲社會的傳授，有言語的利器，則在動物界，至少當造到比今爲優之程度。猿者，動物之狡黠者也。若有言語且取且與相互的傳達思想而爲社會的發展，則於猿之自身，當早獲得製造服物之成功。然而昔日之猿與今日之猿，關於此點尙毫未有變也。

細味上文所述，可見有交換思想之言語的利器，則社會我之成立與發展，都基於是。因之而所謂社會我者，只能於人類見之，至爲顯然。於是關於人與動物差異之點，尙擬再進一言。動物者，無社會的進化，只有單獨的進化而已。依於生存競爭、優勝劣敗、適者殘存之方法，而進化之道行；究之不過爲個體的進化而止。非後代之動物，承繼前代之思想、世世相傳而爲社會的進化也。人類社會之有進化者，有言語而將自我的內容傳於他我，復以他我的內容，受入自我，有相互的影響故也。他之動物，無此等相互的影響。或者直接目擊他動物之行動，而爲想像的模仿，則其能事已足；至於意識的傳授理想，爲嚴密意味的教育，於他動物則無有。誠然，動物非不能假教育之力而使爲高尙的活動，其中且有可爲道德意味的活動者。擲食物於犬，當其趨前來食之時，叱之使止，留待後來，犬本欲食而以禁阻之故，忽焉而控制其慾念，此即一種消極的道德義務之感。其發達至此者，蓋爲基於人類理想的教育故也，於犬屬若以教育之力而使之爲優良的犬，則犬屬當易爲發達，然而於犬之中無施如是之教育者。——譯者按歐戰以還，各國訓練犬屬司偵察之役者，已成數見不鮮之事——苟其受教於人而得某種之思想，則只此點可得列入人類之夥伴，而不能漸染於犬社會。何則，某犬不能授自得之思想於他犬故也。記得某年柏林大學某教授，教育其馬，爲數學之計算，能了解言語，成爲學者之馬，喧傳一時新聞界。然亦某馬獨有之特別的知識，而不成爲犬社會之知識。某馬不能傳授其智識於他馬，而某教授依於特殊之方法教育其馬而有以致之，故不能以此爲馬社會之知識。其馬死，則其技能亦隨之俱盡矣。

要之人以外之動物，未有能爲社會的生活者。或者以蟻與蜂之營社會的生活爲疑。不知彼等以自然進化的結果，本能的爲某某集團的活動，非以謀猝團體的意識而爲之也。此言而認爲正當，則余之所謂社會我者，自當爲人類特有之現象。此事與道德有密接之關係，吾人之心爲社會漸進的意識，則良心亦當爲漸漸發展的活動，二者之關係，盡於斯矣。

關於人與動物之差異，再舉一顯著之例，爲拉德氏之初等心理學所列舉者。有甫生十八個月之法國女孩，平時嘗飲牛乳，某時其母飲以牛乳，過熱，於時其母呼之曰熱，法語呼熱爲布留爾(Bruhle)，其母呼布留爾，此孩於心遂有熱卽布留爾之印象，後此女孩與其母嘗爲捉迷藏之戲，此戲兒輩呼之爲枯枯（Coucou）某日此孩隨其母出遊郊外，適在夕陽西下，晚曛醉人之瞬間，徘徊四顧，而此兒乃呼布留爾，枯枯，卽前言之熱與捉迷藏也，究之爲表現夕陽西下之意。此爲十八個月之孩兒，運用口語之故事。所謂布留爾，枯枯者，於此時機，確爲言語而不是鳴聲，雖牛歲無幾，而於人則獨有此特出的活動。此於他之動物則罕見，雖在最優等之猿，置之於此，恐亦無如此孩之伶俐也。

第六章　良心

如前所述，吾人之心，各各爲社會心。各自之我，各各爲社會我。於社會我立定理想而不能不追求之時機，其時各自之心，即成爲良心之狀態。然則良心者，當爲社會我之一方面。其活動之實質如何，分述如次。

第一節　良心活動之實質

吾人之心，所認爲種種之目的，於彼於此決定從違之際，種種之慾望以起，是等慾望的活動，皆爲社會養成的結果。而此等慾望對象諸多之目的中，有不得不爲之目的，換言之即理想的目的。而此不得不爲之目的，與夫僅有欲爲某事之目的，大異其趣。吾人之心，所認爲不得不爲者，即爲社會我之活動。故良心者，可謂社會我之一意態，因之而良心之內容，爲共通的，與社會我之狀態概無二致者也。由他人良心之內容，取之在己而爲自我良心之內容，又自我良心之內容，授與於人而爲他我良心之內容。普通之思想感情，依於取且與之作用而日漸發展；良心之發展，亦不外是。例之兒童於其親前，常聽勿爲彼事，要爲此事的訓話，久之遂受入不可爲與不可不爲的思考，而此卽成爲兒童良心之內容。如是自己之弟若妹與其他之人，一旦爲反於由親受入標準之行爲，則不憚大肆譏評，發表其良心之意嚮，此卽所謂與出作用。而由所與一方言之，自當爲受入者。不過人性無常，未可執一而論。當其受入之頃，有受入者，亦有不然者，於時反唇相稽，而大試反抗者有之；又或固執己見而深閉固拒者有之；更有不純粹受入，而亦不極端反抗，於其中取折衷之見者。總之與影響於他人，又自他人受其影響，而各自之道德理想，遂積漸進化而成。是故良心之內容，其爲有社會我之性質，不待言也。

如是養成之道德思想，非如其他動物思想之爲單獨的性質，而爲社會的性質，受繼前代社會人類之理想，而又傳授於後之社會者也。社會的漸漸發展，而非只爲個體的發展。在人則個人的遺傳之外，有爲社會的遺傳（Social inheritance）者，此即社會我之所由成，而道德心——良心之成爲具體普汎狀態者，爲是故也。

人不盡爲實現良心所示理想之活動，其爲反對於此之行動者，蓋不知凡幾。良心之所示，即吾人之所認爲不得不爲者也。本來吾人之心，其成立則以某種要素爲中心，而將其他要素之有關係者，作成一有組織之體系。簡言之，即以某一目的爲中心而組織自我者也。其中心目的，由其人之臨時選擇而定，而非有固定之形式。如何組織，亦爲其人之自定，而與我以外之人無與。故有時以不可不爲之目的作中心而組織自我，有時又以不可爲之目的作中心而組織自我。有時爲實現道德標準的活動，有時又爲相反的活動。是皆其人之自由決定而然，而爲惡之所以遭譴責，爲善之所以獲獎贊，其理由概不外是。

啟示道德理想之良心，非由吾人之心猝然而起，乃潛在於自己認識、自己決定、以及自己發展之意識本體者也。意識自始而有，良心亦然，不過其初尚爲幼稚及不完全的存在。要之心之活動狀態，爲良心之所從生；彼以良心之起原爲猝然起者，則大誤也。自始卽有，與心共其活動的良心，乃事實之所不能否認。如是而良心的發達，自當與意識的發達，均之爲社會的積漸進化而來。有認爲自始完整，生而具備之特別能力（facultp）者，失之遠矣。

第二節　良心之起源

關於良心之起原，其說不一。有爲經驗說（empiricism）者，由此說則良心非自始而有，乃由外部受種種之刺激，積種種之經驗，至於一定之時期，而良心乃猝然而生。此一說也。反乎此者，有先天說（apriorism）。由此說則良心自始卽爲粹美的完整的存在，無論何人，而良心之特別能力，爲先天的具備。此又一說也。

此外則斯賓塞者，調和兩說而唱爲下之議論，即良心爲經驗的生來，而又帶有先天的性質。何言之，現今吾人之良心，非只由吾人自身之經驗而來，實則得之祖先遺傳者爲最大。誠然，吾人自身之經驗，於發達吾人之良心爲有力，不過其得之自身之經驗極少，最多部分，則爲前人經驗之結果。是故吾人之良心，由吾人之自身考之，不能不謂爲先天的；然而詳審其由來，則以前代人之經驗爲本，積累代之經驗，漸漸遺傳，而成爲吾人之完整；更加新的經驗而爲後來繼續的活動。是故由吾人之自身觀之，誠然爲先天的；而詳細考之，則仍本於人類之經驗得來，是可謂爲人種經驗的結果。

斯賓塞此言，其爲調和經驗說與先天說，實則仍爲一種經驗說，不過涉入社會人種進化的說明，與普通經驗說爲稍異耳。是故就其爲經驗說之點，自當與經驗說受同樣之非難。然則道德心之起源爲如何？斯賓塞則以此爲由外的制裁而來。總言之爲由外部所受社會，政治，宗教諸種制裁的結果。例之欲爲某種惡事，而此事則爲社會所嫌惡，反之爲善，則爲一般所獎贊，是必爲嫌惡之故而始不爲惡，爲獎贊之故而始爲善。又爲惡則神佛監察，罰及來世；不然則爲刑法之罪人，禁錮罰金，不能不受相當之處分。此皆伏有莫大之恐怖，因而不敢犯姦作非以身爲嘗試。凡皆迫於外部之制裁然也。又或於現在爲此事，則於自身有莫大之利益，而行爲者於此，不徒計較一時的褒貶，而爲將來結果之圓滿，自有不得不犧牲現在之利益者。如是屢屢往復，成爲習慣，不只一代爲然，更傳其傾向於子孫，其子孫亦以同樣經驗的結果，而益有以促成此傾向。如是累積幾代之遺傳與經驗，終焉對於外的制裁之恐怖和希望，與現在自己利益之犧牲，漸忘其本，所存者，只單純節制慾望之一念而已。即只有某事當爲與某事不當爲之良心的命令而已。此斯氏解釋良心發生之大要也。

以予之見，如經驗說，良心非自始而有，只爲外部之刺激，猝然而生，立言甚爲無理。良心誠然有需外部之刺激，而必自身潛伏可以發達之能力，得適當之境遇機會而始見發達，此則爲不能否認之事實。然則在何等境遇機會之下，始爲適於良心之發達乎？是項說明，則如斯賓塞之解釋，實爲允當。固有之良心，依於適當之事情而益爲發展，此則任何人所不能否認。不過以事實之本體，而直以爲良心之起原，則不能不謂其解釋陷於誤謬。蓋將原因（Cause）與機會（Occasion）混同視之也。試觀植物之發育，由外部得到日光水分之培育機會，而植物乃能由萌芽而至於成長發達。此就植物之發育言之，而日光與水分，爲其必要之境遇也。然而以爲境遇之日光與水分，爲其起原，是何異以日光水分爲其植物之本體，此說之大謬也。誠然，無日光水分之培育，不能得植物之成長，而決不能以此爲植物之起原。良心亦然，依於外部之刺激，而良心始漸發達；無斯刺激則不能發達，而或至於凋敝以終，亦意中事。然而即此之故，而外部之刺激，亦決不能爲良心之起原。起原與境遇，要未可混同視之也。

總之良心爲吾人各自之意識，即社會我之一意態，意識既爲自初而有，則良心之解釋，亦甯有異詞。況由唯心論之見地言，心爲所有存在物之根柢，而爲自初即具之要件，然則良心之認爲自初即具者，自爲事實之當然。

第三節　習慣我與理想我之戰

如先所述，所謂自我，若以某一目的爲中心，而使種種要素從屬於此而爲一組織，其成爲中心者，即一致於其時之道德的理想，於斯時機之自我，亦即可謂道德的善。其爲此道德的善之時機，即依於其人之理想——良心所示之標準，而統御支配其種種慾望之時機。準據其時自我全體的理想而統御其慾望者，即爲善。雖然是等理想，無固定之形式。吾人今後依於讀書、聽講、聽演說等法，與種種之人，交換思想，而將來的理想，當比現在爲更發展的理想。如斯發展之後，前之所認理想爲中心而組織自我者，漸失其時間性，一程進步之後，不可不以再程之理想爲中心而組織自我，然而吾人動輒於過去組織的方法，而有充分留戀的傾向，卽於成爲習慣的方法而有組織自我的傾向。有以飲酒爲中心而組織自我之習慣者，則此習慣常不易改變，動輒斥理想的目的而從過去的習慣。縱令以過去理想爲中心而組織自我，而現在的理想，要求別於過去的理想，所以因仍過去的作法，仍非所宜。理想既爲進步的，昧乎此而完全採用習慣的過去的理想，夫豈其可。是當打勝過去的習慣，而趨向更進一步的理想。於茲所當努力者，趨向新的理想，於此常有習慣我之彌留，而至妨害理想我之實現。今日之習慣的傾向而妨害今日之理想實現者，常爲昨日的理想；則今日之理想，又焉知不爲明日妨害理想之習慣的傾向乎。道德的生活，其成立之所由，要在使自我不遷就於過去之習慣，而常以理想爲中心，成爲組織的體系而已。略言之，則不可不打勝習慣我（habitual self）而樹立理想我（ideal self），斯卽所謂習慣我與理想我之戰。若果於此打勝習慣我而使實現理想我，則卽成爲道德的善。否則爲實現習慣我而排斥理想我，則卽成爲道德的惡。

習慣與理想，皆爲社會的生活所養成。於社會養成而喚起之諸多慾望中，有道德上所當追求之理想的慾望。以此追求的理想作中心而組織自我，名此爲理想我。否則違反追求理想，而以某種非理想的慾望作中心而組織自我，此則不爲理想我，以其被支配於其人之習慣的慾望之故，名此爲習慣我。於是而習慣我與理想我之爭起焉，於時否定習慣我而建設理想我者爲善。吾人於社會生活中養成現在懷抱的理想，假設以此爲國務員而組織自我的內閣，則爲嶄新的內閣，誠爲佳事。若前內閣之國務員，不問其合於現在之理想與否，盡數而羅致爲新內閣之國務員，斯卽爲否定理想我而有迷戀骸骨之憾。再徵前例，在今午飯之頃，余腹忽餓而思食者，習慣我之使然也，而在倫理講述途中，有不僅爲食而應盡之超過食事之責務在，以此作爲中心，組織其時之自我，是卽打勝習慣我而成立理想我之明證。是故爲建設理想我而組織全體的自我，則不可不於組織習慣我之要素中，而除去其妨害理想我成立之部分的自我。理想我之實現，與習慣我部分之排斥，爲息息相關，此在現今之自我狀態上不能避免之事。在非完全無缺之自我範圍內，若不犧牲非理想的自我部分，則實現某理想爲不可能。稱此爲自我犧牲（Self—sacrifice），或者謂爲自我否定（Self—denial）。普通以克己之詞代之。

實現理想的社會我，實行良心之所示，倫理學上稱爲自我實現（Self—realisation）。或者謂爲自我發展（Self—development）。如是而自我實現，必含有自我否定卽自我犧牲之意。於斯時機，自我實現之我，與自我犧牲之我，其爲指同一物而言，當無疑義。不過實現某物，同時而又否定之，未免陷於自相矛盾之勢。不知所謂自我否定—自我犧牲者，爲實現理想我，而不得不否定其反於理想之習慣我也。例之爲成立國民政府，而不得不否定北京政府，但國民政府委員中，而謂昔時北京政府閣員無一人可共事者，斷無是理。在新政府理想主義一致之範圍內，雖以舊政府之閣員，而成爲新政府組織之要素，一無妨礙。所犧牲者，只爲違反理想之部分耳。若自我而爲完全無缺者，則任何無犧牲之必要。現在之自我，尙爲不完全的自我，而正向最完全的境域，爲奮鬥邁進的時間，則爲圖理想的實現，自有否定非理想的部分之要求。如是解釋自我的性質，則自我否定，自我實現，雖然使用同一之詞，而不害爲可得兩立之概念。不但可得兩立而已，缺其一方，他方卽不得成立，其間尙有不可離之關係存也。

良心之活動，旣如屢述爲具體普汎的，而帶個人的與社會的共通性。因而良心之特色，自當爲有此良心者之個人心與社會心。個人心同時又爲社會心，於良心之本體上可以見出個人社會凝成的狀態。只有純粹個人的性質而無社會的性質，則良心主義適成爲自利主義，不過止於滿足自己之心而已。良心者個人心同時又爲社會心，所以滿足良心之行爲，自當成爲盡力公益之行爲。實現良心所示之理想，則滿足自己之事，同時卽爲滿足社會一般之事。又良心若只有社會的性質，而無個人的性質，是又從良心的行爲而奪去道德的意義。道德云者，不可不有自律的要素，即自己所認爲當爲，與自力可能追求之理想，而期其滿足者是也。失此要素，只唯社會一般之命令而從之，大非道德的性質。然則如何而可救此兩者偏重之弊乎？道德學者則有下列之議論。

第四節　洽善主義與社會制度

如前所述，良心者，兼具個人與社會之兩種性質。是則於滿足一般者，而求自己之滿足，實現自己理想之事，即爲滿足一般之事，於斯意味而良心主義即爲洽善主義。不陷於前述個人社會偏重之兩失，而亦吾人正確的道德標準之所在。此良心爲道德原理的特質，即前所述具體普汎的意義。不明乎此，往往陷於偏重自己之弊。況在青年，性好强而偏自愛，以是良心主義，至誤解爲自由放任主義者爲多。細考良心所示之內容，其爲最完善的公共社會的性質，毫無疑義。不著重此點，則其陷於前項之弊害爲當然。然亦非蔑視個人而已，蔑視個人，只惟外部之規則輿論之所示者而從之，則其害與偏重個人等。若此規則輿論之善，爲自己所認之善，是則爲自律的；否則全爲他律的而失道德的意義。於法律爲善，而不可爲道德的善。

道德的規範，非盡人而皆同，其爲最大部分的共同不待論 抽象此等共通之點，卽一切人之道德理想一致之點，非不可能，而此不過爲法律輿論作成之根據。法律輿論爲抽象普汎的，而良心則爲具體普汎的。又法律有整然固定的形式，而良心則於社會生活間，時時爲進步的活動者也。如是而吾人之良心，發展至某程度，則舊時制定之法律，不適於吾人理想之要求，於茲有要求改正之必要。道德者法律之生命也。舉例言之，良心如活潑之動物，而法律則如剝製之標本。基於時時發展進化之良心，於某一定之時期，而法律始應於人心之要求而起。然則法律之根柢何在，蓋不出乎時時發展進步之具體普汎的道德心。法律由道德之根柢而生也。不但法律，一切社會制度，莫不基於具體普汎的道德而來。是等制度，一旦設定，則在暫時間，其全體爲固定不動之形。然而良心則毫不顧忌，時時發展，時時活動，以是某種制度，既於某程度爲不適宜，則即基於發展之良心而更求改造。制度之於良心，如形之於影，不可離也。如是而此等制度，於其自身，既非無意義與無價值之物，更適應於新社會之產生，刺激發展至某程度之良心，而使之有再度改善之機會。是則法律輿論，與其他社會制度，皆良心之開發進步所不可缺者也。

生於斯等社會之人人，爲種種制度之薰陶，某事當爲，某事則否，久經訓練，而良心遂漸次養成。此養成之良心，又忽感於舊法律之不安，以及某制度之不善，結果又成爲社會改良之動機；而社會之諸種制度，有不得不日趨革新之勢。此革新之社會制度，即時又刺激人心，而爲促成良心發展進化之媒矣。總之吾人之良心，依於法律，輿論，種種社會制度之刺激而得發展之機會。道德之根柢爲良心，而法律輿論，又間接作成道德心。此等法律輿論及種種社會制度（Social institution）實爲一種客觀化的良心。良心之本體，時時發展，爲具體普汎的。將此爲抽象的客觀化，而前述之種種制度以生。此制度生出後，又轉成爲發展吾人良心之具。其間之關係若何？當於後文詳之。

第五節　一般化與特殊化

前述良心與社會制度相互的關係，一般學者常用特殊之詞表之，即所謂一般化（Generalisation）與特殊化（Particularisation）是也。一般化者，爲平等化之作用。特殊化者，爲差別化之作用。一般化者，即前述之輿論法律等社會平均的標準。薰陶其時社會之人人，而使到達某種標準的活動也。由社會制度種種之暗示薰陶下，吾人之社會我漸漸發展，因而道德心亦有日臻發展之勢。此即爲一般化，亦云平等化的作用。而受此一般化的個人之心，於久經薰陶間，各各發揮自己之特色，不全爲機械的，亦不純粹爲受動的；受化雖同，而個性各異，見智見仁，一一遂其特殊之發展。終焉向於社會而爲種種條件之要求，方法之變更，制度之改良，一一將由理想而成爲事實。是項要求，即爲社會制度改良之先聲，而平均標準，至此又爲一段之進步。稱此作用爲特殊化，即個人對於社會特殊之影響也。如斯一段進步之社會，又轉而爲對個人之一般化。即社會對個人普遍之影響也。

要之吾人之程度有差，一方由社會而受一般化，他方又發揮自己之理想，對社會爲特殊化。如斯活動之大者，爲偉人。孔子，釋迦，基督，皆能爲大的特殊化者也。凡庸之人則只受一般化，而其特殊化之程度爲低。任何凡庸之人，於其最近之妻子，亦有特殊化之作用。其不能有何感化者，當亦不少。惟大人，其感化之力，先於家族，進而鄉村一國，更進而天下後世，胥籠罩於自己理想之內；其潛勢力之所及，有令人莫測其淵深者。要之大人者，不只由社會而受一般化，更發展其自身大的特殊化之作用，而爲社會改造者。如斯社會一般標準得日日改進，而其標準又成爲一般化之基。有特殊化而有更進之一般化。有一般化而有更進之特殊化。而我等社會我之發展，與社會制度之改良，皆種因於此矣。

吾人由社會而受種種之恩惠，所以不可不報恩而爲盡瘁社會之活動。由社會而受感化影響，所以不可不返答而與感化影響於社會。吾人於已有某種理想，皆願公之社會，不肯秘笈而不予示人。「不言則腹脹」，古人曾有言之者。投挑報李，物質固然；精神之受與，亦應爾也。

要之依於一般化與特殊化之關係，而吾人社會我之養成在是，因之而良心之養成亦在是。如斯養成之良心，其性質遂爲個人的，同時而又爲普汎的。良心的行爲，滿足自己，同時而又爲滿足一般。至於滿足之程度，則依於其人之社會範圍廣狹而異。其在未開化之人，則只一家，或小範圍之種族而爲其人之社會，其以外之人皆仇敵也。掠奪他種族之財產子女以肥自己之種族爲當然，其時良心之所重者爲種族，是爲種族而盡力，卽爲其時公共之善。及夫程度稍進，其人之社會範圍漸廣，其時良心之命令，亦隨其時之社會公共之善而增進。是故良心所命公共之善之範圍，一視其人社會生活之情形，與社會演進之程度而有廣狹之差。其範圍愈廣，則其道德程度亦愈進。然而從於良心所示公共之善，即所謂道德的善者，通古今東西而不少變，不問公共善之範圍爲如何也。是故非洲野蠻人所認爲道德的善，而文明諸國則謂爲道德的惡者，往往而有。如前非洲土人良心之所命者，爲殺戮異種，自文明人觀之，則以爲大惡，而自非洲土人觀之，則此固爲順應良心的行爲，冒萬險以全同種，有大可獎贊之價値存也。若單爲私利而爲之，即由土人觀之，亦成爲大惡。果從良心之所命而爲之者，則即土人仇殺之行，當與文明人之博愛正義，爲同一道德的價値。道德的善之所以爲善，不分古今文野而未有異也。

順應良心之所命而行者，爲道德上最貴之事，此道德的善成立之由來也。誠然、良心所認爲善者，其內容之實質，雖時有變遷，而其順應良心之形式，則概無差異。是故只就實質以觀，不問其爲如何文化之程度，如何活動之心情，而遽下善惡是非之判斷，殊有未當。評量一般人之道德價值時，無論其爲文明人與野蠻人，不可不先考其社會生活之情形，與良心發達之程度。即就個人言之，其人承如何遺傳，受如何教育，居如何境遇，有如何程度之良心，昧乎此而於其人之行爲，斷不能得正當的道德判斷也。

由良心主義，則吾人之所爲，自當以良心之所認爲至善者爲歸。教育兒童，亦當以此爲中心，使兒童自認其良心之善而爲之，即養成順應良心之命而行的意識，於兒童爲必要。兒童之良心，尚在幼稚的時期，有教育之責者，自當充分供給發達的材料，而富與培育良心之滋養物。換言之，即利用所有機會，注入成熟的道德理想於兒童之心，而務獲到感化影響爲必要。如是發達其良心，同時而使兒童感得良心之自覺爲足貴；不然則非眞正之訓育。不與以良心修養之滋養物，則是使之發展最低度的良心之行動。是故兩方兼衡，一方使其自行發展健全的良心，而他方則不可不實行其監督之責務。監督云者，非濫爲干涉之謂，不過使兒童自取處置適當之途而已。誠然，依於兒童之性格如何，有不能不爲干涉的監督者，大體上則以使之自律的處理爲宜。特如我日本人，大都富有他律的精神。是則作成自律的處事之習慣，使其自行識別是非善惡而淬勵勇敢邁進之豪氣，最爲必要者也。

要之吾人於良心所認爲至善者而行之，當無謬誤。然有自己公言爲善，而實則反於良心，只於相當口實之下，摘拾理由，而以爲善者，往往而有。稍有善行，而非根柢於固有之良心者，亦不爲少。所願於斯時機，區別眞僞，而爲眞的道德理想之行爲爲必要。良心者，絕非自由放任之心，而有普汎社會的根據，因之而滿足良心之行爲，卽成爲公共之善。是故如余所唱之良心說，一方爲洽善說，而他方則又爲自我實現說。

第七章　道德之進步

概括以上所述，則基於社會我之性質，說明良心之意義，而使良心滿足之行爲，卽所以實現自己之理想。如是否定習慣我而樹立理想我，卽以理想爲中心而組織自我，其要義已備述無遺矣。茲進而述道德之意義。

第一節　理想的特質—絕對的同時又爲進步的

前之否定習慣我而樹立理想我，學者有以否定小我而實現大我，禁壓部分的我而使滿足全體的我，或者制止一時的我而使滿足永久的我等詞表之。要之良心所示當爲之目的，卽於其時以道德爲中心而組織自我，是項滿足自己之心理的善，卽爲道德的善行爲。如是依於良心而漸漸爲自我發展，自我實現，則必常有一段進步之理想浮現於眼前，而促自己之努力與邁進。自己進，同時而理想亦與之俱進，是則理想爲進步的。從來理想一部分實現時，則理想之新部分更湧現而來。任至何時，不見有理想境域之及身，而永久的繼續其進步。理想者，非一定不變者也。以爲最後之目的或窮極之目的，有固定不動性者則大非。假設吾人之自我，以所認發展圓滿的理想，爲最後或窮極的理想，則此等理想，不過爲現在吾人之空想。事之爲現在吾人所當爲者，始爲吾人之理想。眞的理想，應爲滿足現在吾人之理想，而非到達進化極致時之理想。理想者，於現在吾人的瞬間爲有切要的關係，如是理想爲相對的；而在吾人不能不與理想一致之點，則有絕對的性質。理想者，絕對的同時又爲進步的。以是道德的理想，因人而差，一如其面之各異也。不過理想之由來，則爲社會生活漸染而成，有互相共通的內容，而帶普汎的性質。卽前所述具體普汎之謂。個人之理想，同時又帶社會的性質。是故分析自己之理想，當與分析他人之理想爲一致。卽所謂大同小異，非偶然的大同小異，而自人格的社會性質言，爲必然的大同小異也。爲是之故，因於自己之理想，而滿足良心之事，恐有偏重個人，而以自由放任爲善之虞。然而良心普汎的性質，不可忘也。故由理論言之，自當尊重自己之理想；而由實踐言之，則圖社會事業之繁榮，公共利益之努力，尊重輿論，從順社會制度，自當爲有利而無弊。社會制度及輿論云者，基於具體普汎的個人理想而成立者也。於其自身無具體性，而爲抽象的，客觀的形成。自理論言，輿論之本身，不得爲任何眞的標準；而由多人之理想，抽象其共通的部分，則可得爲客觀的標準。然則理想與實際，固並行而不悖矣。

於世無純粹的客觀，離去吾人各自之主觀，實則無所謂客觀的標準。不過具體普汎的人格，非單獨孤立的，而有社會的共通性。故自其社會的共通性，而抽象一種客觀的標準，非不可能。以是順應自己理想，實則仍爲順應客觀的標準，滿足自己的行爲，同時卽爲滿足客觀的理想。客觀的標準，可於實踐上認之；而自理論言之，則具體普汎之正確標準以外，固不見有道德標準實在之所存也。

吾人之理想，爲具體的，進步的。於種種事情境遇，長久的社會生活間，各自遂其特殊之發展而以漸養成者也。至吾人之所以從其理想，則爲絶對的。與標準一致之道德命令，無論何人，皆以同樣之態度表之。道德的命令爲絶對的，此就態度而言，如是而順應命令之行爲，即爲道德的善，反之則爲道德的惡，通古今東西而不少變。即在適合各人具體普汎的理想形式上，道德的善爲同一，所差者僅實質耳。就實質言，道德的善，以時地之不同而有奢壞之差；至其所以爲善之形式，則無二致。本來形式實質兩詞，無何歧異；僅思想上爲抽象的區别耳。具體之良心，只有其一，無區分形式實質的必要，只以適合具體普汎的良心行爲爲至當。於思想上，不過就此渾一的良心，而爲形式實質劃然的分析而已。我等之標準，是唯一的，即不可不實現理想我的良心命令是也。此標準，由實際方面言之，即博愛，正義，公共善之順應。本來無論如何倫理學說，無不以博愛正義爲歸。唯何故而爲此博愛正義，以及博愛之意義如何，正義之趣旨安在，於學説有種種之差。古歌云：登麓不同趨，共見高山月，斯言可作斯道觀也。

道德理想之爲進步的，既如所述。本來進步（Progress）之義，爲道德行爲所不可缺。離此則不能考見道德的生活。道德的生活，乃由自覺現在自我狀態之不完全與不滿足而起者也。然則使自我而爲最滿足與最完全的努力，即爲道德生活之所在。無進步的意義，則不成爲道德的生活。假令吾人之自身，試想爲完全無缺理想的自我，換言之，即試想自身爲無可更進的理想，斯時當爲與不當爲之道德的法則即不存在。盡人而皆成爲理想的人格，又皆爲其所當爲，自無義務命令存在之理由。因之而道德的責任不生，無此善彼惡，甲正乙邪區别之可言。猶之自然界之活動，皆從引力之法則，而無一有背乎此者，則不當背與必當從之義務命令，自無存在的理由也。人爲忠孝，爲慈善，爲無欺罔，又若人以手持，以足行，非不可作概括此等一般事實之法則，猶之於自然界，非不可作物質依於引力而動之法則，然而道德意義之當然與不當然的法則，則不在是。道德的法則，只於人類尙未到達理想的境域而存在者也。關於種種企圖之有缺陷者，而當然與不當然之命令出焉。善惡之區別，義務之規定，胥在於是。由此觀之，離進步之義，則不能考見道德的生活，其理由至爲顯然。

如前所述，則吾人爲求理想而邁進者；理想之進步，隨於其人而漸漸增加，當爲一般經驗之事實。普通則理想之詞同，則其表現理想之內容，亦當無差異；而其實有不然者。例之五六歲之孩童，其爲自豪之語曰：我將爲海軍大將，其時海軍大將理想之內容，當然於其童心爲有密切的關係。二十歲許有爲之靑年，當其入海軍學校，關於海軍努力研究之際，解剖其時海軍大將理想之內容，則海軍大將之詞，自無異於五六歲孩童之用詞，而其理想之意義，當有霄壤之差。海軍大將之意義，應於其人自我理想之發展而共進者也。現當海軍大將之任者，關於自身之職責，其意見之如何，與修業海軍學校者，其所見又有不同矣。一般人對於海軍大將之意見，又當逈別。是故自我進，則理想之內容亦與之俱進。任至何時，所謂理想，不離自己之眼前，亦即不越自己未成的理想人格之限。人若成爲理想人，則無何等不足之感，亦無何等活動之必要，而其自身全得平均，不認何等進步之現象。是直成爲休止的寂靜的狀態而已。徵之事實，果有之乎。

第二節　絕對的倫理學與相對的倫理學

斯賓塞者，分倫理學爲二種類。即絕對的倫理學與相對的倫理學是也。絕對的倫理學(Absolute ethics)，以完全進化的理想人格爲基礎，而下倫理之解釋。反之而相對的倫理學(relative ethics)，則以時時進化現實的人類爲基礎而與以說明者也。斯賓塞者，想像理想的人格，即完全進化的社會，完全進化之人類爲如何，而以此爲倫理學之基礎。此與真的理想人無關，不過爲理想人之研究者心理構成而已。總之認人類進化極致之狀態，如吾人今日之所想者爲非宜。關於理想人之思想，與理想人本體之心，全爲兩事。理想人之心的狀態，畢竟非吾人所可想像得之者也。

前說爲斯賓塞絕對的倫理學之見。其相對的倫理學之見則如何？此則於理想的狀態得完全平均，更起新活動之必要境遇上認之。抑進化者，自我應於周圍境遇而起，完全順應，進化不息者也。有謂自我完全順應之後，無新活動之必要者，人生恐無如是寂靜的狀態。是等想像，與吾人之生活不相容，除非達於涅槃圓寂之境域。又人而果需求此等寂靜狀態的理想乎？倘置吾人於任何不能活動之環境，將如何而鳴其不平。得一理想而更求其他之新理想，時時謀新的發展，而爲永久進化之行動，此則人性之自然也。

要之所謂窮極理想，最後理想，某種固定不動之假定，不過爲一種空想而已。縱或有之，亦非今日吾人所取之理想，此可爲吾人達於最後理想狀態時懷抱的理想，而與今日之吾人，爲無關係的理想，爲虛無縹緲的理想，直言之爲究竟絕無的理想。是故於今日吾人所取之理想以外，無所謂吾人之理想也。

所成爲吾人之理想者，不可不爲吾人之所當爲，而且爲吾人之所得爲。不適應於吾人能力之事，只可爲觀念的想像，而絕不得爲理想。所成爲理想者，不可不有喚起吾人意志之力，及欲爲而且得爲之自覺與自信。挾泰山以超北海，徒步飛行月世界，可爲一種觀念之成立，而不得爲自覺自信的理想。反之而爲東京之遊，巴黎之會，是則可爲一種之理想。是故，理想者，與抱此理想其人之心的程度爲有至切之關係，對於進化極致最後完全人格之理想，畢竟不能爲今日吾人之理想。不過吾人預擬最後之理想，不斷的向前邁進而已。此等理想，概由關係者其人之心想像而來，總之爲一時精神憧憬的狀態。此熱烈的憧憬之情，即爲最後的窮極理想之所在。猶之完全永久的意識，雖無其實，而由現在不完全之心觀之，則憧憬完全之心的熱望，即爲完全永久的意識實際之所存也。此與前說哲學時，斥絕對主義而唱人本主義，爲同一理由，而固定不動的窮極理想，可信其必無。在關係於今日之自我，具體而又普汎的理想之外，無所謂理想也。

第三節　人本主義與道德

所謂人本主義與道德，其間之關係若何？即基於人本主義說明道德之進步爲如何？有待申述之必要。由人本主義，則意識爲一切之基因，而客觀界之存在與其意義，皆由此而定。換言之，則意識爲宇宙成立說明之總因。吾人之意識，在昔陳陳相因，於過去宇宙不能得滿足的解釋；基於新的理想而與以新說明，宇宙之意義，始有發展新氣象。意識之進步，所以促宇宙本體之進步發展者也。今日吾人之意識，決不以昔人之說明萬有爲滿足。牛頓以前之人，對於物體下落，固亦有相當的解釋。然而牛頓之心，不以是爲滿足；彼之意識，則要求更爲引力法則之說明，即牛頓物體下落說明之理想，較之其人以前之理想，當爲一程之進步，由此宇宙解釋理想之進步，而成立其引力說。在其後者，一般皆以引力說爲滿足吾人理想之要求，於物理學上，遂成爲一部之眞理。要之滿足一般人之理想的要求，卽爲眞理之所在。眞理者，不出吾人理想要求之外。離去吾人之意識，無引力之實在。意識爲萬有之說明者。意識之理想的要求，卽爲萬有意義之成立。此關於宇宙之解釋而唱人本主義者也。

再就道德言之。於社會有種種之制度，而此卽種種道德關係的表現。夫婦、親子、朋友、君臣、與其他種種各有其相互之關係。就此關係，而吾人之良心遂不能無理想的要求。對於親而不能不盡子之道，對於君而不能不盡臣之道，夫婦不可不相和，朋友不可不相信，凡皆良心意識所爲種種之要求。此良心之理想的要求進步，而各種道德的關係亦隨之進步。今日之道德，比昔日之道德而見爲進者，畢竟爲良心之理想的要求有進者也。猶之物理方面、智識之理想的要求進步，而宇宙的解釋亦同其進步。良心爲道德成立說明之總因，與意識之爲萬有成立說明之總因同也。此由人本主義說明道德進步之意義也。

如前所述，良心爲本而使社會制度進步，其進步之社會制度，刺激社會之人人，又與良心以改進發展之機會，如斯吾人之道德爲永久的進步；換言之卽吾人自我的道德，爲永久的發展。自我發展，則良心亦隨之發展，任至何時，而謂理想已臻美備的狀態，斷乎未有。卽未到之自我理想，縱令如何追進，而常浮現於眼前。任至何時，而在己有應爲最善之企圖，故雖須臾而不能停止其活動。所謂一息尚存，此志不容稍懈者也。如是則自我時時自覺其有不滿足之感，有某種缺陷所在，因之而滿足其缺陷之要求，與日俱進，而自我永久發奮於理想的邁進之中。道德進步之意義，具於斯矣。

第四節　厭世主義與樂天主義

基於上述之事實，有抱厭世觀而持厭世主義者，亦有抱樂天觀而持樂天主義者。所謂厭世主義（Pessimism）者，其理由爲何？任如何努力精進，促自己之發展，而理想靡涯，仍不能不更端以求發展，蓋於已無滿足之時，而常若有歉於懷故也。是故所謂進化，直言之爲常感缺乏而已。常感缺乏，即常感苦痛，因之而以人世爲充滿苦痛的遭遇，不見有善而只見爲最惡（Pessimus），以至陷於最惡觀，即厭世觀。

叔本華（Schopenhauer）爲近代厭世論之代表者。彼力言人生之苦痛，更進而論如何解脫此苦痛。彼以萬有之本體爲意志。意志之作用，乃吾人時時所爲滿足欲求之努力。現世之狀態，則常使吾人感不滿足與缺乏，因之而常感苦痛。欲解脫苦痛，則不得不否定惹起苦痛之根本的意志作用。然則如何而能消滅其意志乎？欣賞藝術之美，只於欣賞的瞬間，可由主我的意志而得解脫；若由一時的解脫，進而求永久的解脫，則徒倚賴於藝術之力爲未足。以是而不得不營出世間的神佛生活，即不得不爲禁絕一切慾念的生活。爲達於神佛地位的準備，則不可不勤苦修行，於一般之所不欲爲者而爲之，一般之所欲爲者而不爲。例之嚼菜根而有餘香，甘獨身而不爲苦，受譽不喜，受毀不怒，積長時期之修養，終焉絕去其爲善而喜爲惡而嫌之意念，而精神界直成爲無人，無我、無物、無利害存亡美醜得失、萬念俱忘，浩浩蕩蕩之小天地。斯即爲出世間的神佛生活，如是而始可以脫離人生之苦痛，叔本華者，雖力唱厭世觀，而於自殺一事，則極端排斥。何則，彼謂自殺者，非自消沈其意志，而實則大竦動其意志也。實行自殺者，大都縈情熱望於生活，機緣而荐，則欲生，機緣而乖，則欲死。生命之計較，其爲煩悶於胸中者久矣。假設其人而入於淡視生命之境涯，則生可也，死亦可也。無意於生，而又何必有意於死！唯一任於無何拘執的理想生活而已。此生死齊一之見；即不幸而最後壽限之來臨，則亦視爲歸於空寂，釋教所謂涅槃是也。以此否定意志而解脫苦痛之說，此爲叔本華之解脫主義。

叔本華以求理想不斷前進，爲人生苦痛之事件，此見余竊未敢贊同。樹立向上的理想而孜孜不絕以求進步，爲人生最大價值之所在。否則無應求之理想，無活動之必要，人生豈不寂寥無味已乎！持此意見者，則爲樂天主義。

樂天主義(Optimism)者，以斯世之中爲最善(Optimiur)故亦稱爲最善觀。法之馬爾布郎(malebranche)爲斯說之代表者。彼以吾人獲得之理想，爲時時求進之故，予取予求，若擒若縱，爲人生最有興趣之事。得之而服膺勿失者，則不感何興味。任經何時，認理想之浮現於眼前，盡全力而爲進步的活動者，爲人生價値之所在。叔本華之所見，適與此反。兩人者，一則對活動而感苦痛，一則則對活動而感快樂，與視同物而一觀其黑暗之側面，一觀其光明之側面同也。此雖於各人之氣質有關，究之爲對於自我永久進步發展而生之歧見，則毫無疑義矣。

第八章　良心之作用

以上所述，大體爲關於良心之進步的，社會的性質。此良心既爲活動於道德方面的意識，而非生而具備之一種特別力，然則良心活動之狀態爲如何，不可不一爲說明，茲近而述良心之作用。

第一節　良心之心理作用

吾人之意識，依於心理學之研究而有知情意之三作用，則道德的活動之良心，其有知的作用，情的作用，與意的作用之三方面，自不待論。

良心之知的作用，所以示道德的理想爲如何，而並識别何者爲善，何者爲惡，決定吾人當循之途者也。

所謂良心之情的作用，謂夫爲善之前，與爲善之後，而有某種快樂之感，反之爲惡而有某種苦痛之感，以及爲善而得賞贊與爲惡而受責難等情屬之。

次之良心之意的作用，總之爲良心命令的權威的態度。此作用與知情二作用結合成爲動機，而使吾人有爲善去惡之毅力，稱此爲良心之意的作用。如是而良心有知情意之三方面；又有於此三者之中，僅舉其一而以爲盡良心之作用者，偏於知者，則以良心識别善惡之知的能力屬之；偏於情者，則以吾人爲善而得賞贊所生之快感，與爲惡而受責難所感之苦痛，各種情態屬之；偏於意者，則又以良心爲監督吾人而使爲善之意志力；要之皆爲偏於一方之謬見。良心者，爲全體意識活動於道德方面的意態，則其爲知情意全體意識的作用，自不待言。

如是良心之有知情意之三作用，所以良心之發達，其結局亦當爲知情意三方面均等之發展。良心之知的發展，卽理想漸漸向上之謂。關於此點，如前屢論之事項，良心於知的方面，究竟有無陷於錯誤，卽視良心之判斷有無乖舛是也。由發達時之良心觀之，則發達前之良心有時爲失當；由發達後之理想觀之，則發達前之理想爲不完全。於斯意態之下，良心之判斷，即使有誤，亦無特別之妨害。因爲良心所示之理想，爲絕對的標準，而此以外無他可據之標準。誠然，由良心發達之今日觀之，其時之判斷方法，容有未盡完善之處；畢竟此爲發達後之良心的判斷，而在判斷之當時，良心之標準，自具正當之意味，即其時良心之命令，亦有絕對的權威；寧得以後來之所見爲謬誤者而訾議其當時耶。

其次則發展良心之情的作用爲必要。感情者，不常練習，則漸漸流於頑鈍之傾向而不自知。利用種種機會而活動之，則可變頑鈍而爲銳敏。文學、美術、歷史傳記等，均足與吾人以活動感情之機會。尤要者，於實踐道德上，應時時作道德感情的練習。結合正善的行爲，養成正當之感情，崇拜理想，贊美自然，以及尊敬、敦睦、博愛諸種情操之修養，皆發展情的作用所不可忽者也。

復次則鍛鍊其爲善去惡之意志，而使之有强大之力爲必要。果爲自己所認應該追求之理想，則冒意外之艱辛以奔赴於當進之途徑，此絕非意志脆弱者所能勝任愉快也。是必平時先有卓絕之素養，一旦有誘惑障礙之臨於吾前，乃能鎮定不搖，安之若素，而理想之實現，斯不難計日而圖功。

此外關於吾人道德進步之必要條件有三：第一時時爲高尚的理想的行爲。懷高尚的理想者，知自己之不完全，又時時自覺其所爲非理想。彼夫玩愒歲月者，一暴十寒，無充分的自覺；習非成是者，欺己欺人，則又根本不自覺；此皆難與言道德的進步。如是則道德生活，必爲憧憧往來，至不能得瞬間靜止的生活。眞的道德生活，則時時向理想而邁進，而並向反對理想的慾念而奮鬥，斯即所謂苦鬥的生活。本來打破煩悶，與策進理想的生活，有多少之差異，而究之爲相伴而生。薄於自信之人，爲煩悶而或至於自殺。若果眞實考見其自己之不完全，或自覺其罪惡之叢積，畢竟以自身之力，不能補救其缺陷而消滅其罪惡，結果則適成爲絕望而已；此時除求助於於宗教的救濟無他道。蓋不能求助於人力，斯不能不有待於超乎人力之絕對者。一有他力的信仰，則心機一轉，依於絕對者之力而至爲喜躍之活動，斯之謂宗教的意義。而由道德的意義言之，不依絕對者之力，而惟自認其應該追求之理想，卽時鼓勵其意志力，對於前途而爲不斷的邁進。所以然者，蓋早自覺其現在狀態之不完全，而確認高尙理想之爲必要故也。斯卽道德進步之第一條件。次之卽前所示結合於正善的行爲，養成正當的感情，此爲第二之條件。而第三條件，則爲修養獻身的意志，此於實踐上最爲必要之條件。或稱之爲自己犧牲的意志，或稱之爲自己否定的意志，又或通俗稱之爲克己的意志。蓋否定自己之臆圖，犧牲自己之妄念，換言之，則爲抑制其違反良心所示之意念。世固有任情縱慾，横逞其大而有力的慾望，而使吾人於無意中，爲違反道德標準的行爲者，此於吾人經驗上爲數見不鮮之事。與此反理想的慾望爲敵，思一舉而收掃盪廓淸之效者，卽爲克己之意志。其誘惑之力愈大者，則所恃之意志力爲愈强。無克己之意志，則道德之進步爲不可期。克己的生活，亦可謂爲苦鬥的生活，積多年修養之功，而至孔子從心所欲不踰矩之聖境，則不勉而中，不思而得，從容中道，殊無需於克己之强制力。而在常人則修養未至，不先爲自己犧牲，而欲期自己實現難矣。

第二節　道德感

如上所述，良心有知情意之三方面。其知的方面，則自覺其理想爲何，而並有以辨別其行爲之善惡，此爲良心作用之本然；而在我等運用良心，積修養之功，久之則成爲習慣的善行爲。此項理想的自覺，由勉而安，漸至成熟，一若本能衝動機械的適於時宜而不俟辨別力者然。此不俟辨別而直接行動的能力，一如我等感官之有直接知覺外界事務之力也。理想至此，則事之當爲與不當爲，不待間接的推理作用，而直接的能爲適當之行動。是故學者於視聽觸味嗅五感之外，而更認有道德感（moral sense）。此感官爲直接的發動，不俟考察推理而能爲適當之處置者也，或者以此爲一種特別的道德能力，而直視爲非考察的發動者則大非溯其由來，蓋仍依於理想的活動，識別善惡，考察當否，至於再三往復，積修養而成為習慣的善行為，一若不需考察而然者，非自始即無考察的作用也。

或者以知覺的動機（Wahrnehmungsmotive）一詞形容前述之事項，即在不俟考察，直接為適當的行動時，而由知覺的動機出之者也。溫德（Wundt）始創用此詞，彼分道德的動機為三種類：其一，即今所述之知覺的動機；此外則為悟性的動機（Verstandesmotive）及理性的動機（Vernnnftmoitve）。知覺的動機，不俟考察隨時而為適當行為之動機。實則動機之詞，用為非考察的行動為未當，於思慮鑑別而選擇決行之時機，始為正當意義動機之所起。基於知覺的動機之行動，畢竟為一種衝動的表現。例之見一孺子將入於井，於時不考慮應助與否，或助之何益，不助何害，急起而為救濟之行動者，斯即溫德所謂知覺的動機。

次之所謂悟性的動機，以一般之利益或一己之幸福為目的，達此目的則為之，反是則否，於考察計較此等利害關係，而決定行為時機之所起。例之救此入井之孺子，其兩親必感激圖報，否則必有他人之議其後者，考慮此等利害關係而起之思念，卽爲悟性的動機，非如知覺動機之不經考察的作用也。

理性的動機則異於是。此非由利益或幸福之目的考察而來，而爲道德理想的行爲之所從起。卽成爲吾人之理想而有不得不爲之故，於時而理性的動機以起，蓋順應良心之命令而行動之意念也。

理性的動機與悟性的動機，同爲考察的思慮辨別作用；而知覺的動機，則爲非考察的衝動表現而已。由心理的作用觀之，此爲極單純的知覺動機，而有極大之價値焉。誠然，自始之知覺動機，無何等道德的價値。例之嬰兒哺乳，純爲原始本能非考察的行動，道德上殊無予人賞贊之處。若知覺的動機，經過理性動機，時時反覆順應道德標準之行爲，至於成爲習慣，不俟推理考察而直接實行之時，此時之動機，卽爲道德上之有極大的價値者。進而言之，知覺動機的本身無足貴，知覺動機而至使爲優良行爲之品性爲足貴。如是知覺的動機，須俟長時間之道德修養的結果，而始獲得道德的價值。孔子自道其爲學之經道：吾十有五而志於學……七十而從心所欲不踰矩云云，彼於七十以後，即依於知覺的動機而爲善者也。而在我等之庸人則否；倘一任於知覺的動機，恐傾於爲惡方面爲多。不待思維，習慣的自然的合於道德而爲善，此惟聖人爲然，要非一般庸常之人所可企及也。

爲是之故，對於知覺動機之本能的非考察的行動，而至認爲一種特別的道德能力，即所謂道德感者，殊非正當之解釋。蓋此仍爲良心之考察作用，屢屢反復而至成爲習慣的活動。彼主張特別的道德能力之說者，失之遠矣。

由實踐上言之，於此知覺動機活動之時機，一惟任其指導而行爲最善。若盡事物而爲種種之考察，如斯理由爲善，如彼理由爲惡，幾經思慮辨別於其間，或恐走入歧途。何言之，人固有三思而行，反以致敗。彼於考慮某種理由之時，而或見出自便私圖之口實，於是而趨於滿足私慾之途者，往往而是。以是不加深考，一任知覺動機而爲種種之行爲，當無過舉。所謂依於道德感之所示，爲足貴也。

雖然，此不過對於日常普通之事言之耳；若夫重大問題之發生，則出以慎重之態度，運用明確之理想，爲充分的思慮辨別，而勿掉以輕心爲至當。試以淺近之事爲喻，例之我等每食爲習慣的適當取箸之事，此非自始而能之也。兒時食頃，如何運用其箸而食之爲宜，蓋幾經考察之功，時而滿握其手，時而左右易位，經種種試驗後，而忽焉於無意間獲得適當執持之法。至於今日而如何用箸，如何運指，不費思索而變化從心，取携任意，有若天成；此即非考察的知覺動機之作用也。實則事之至便，未有踰於此者。倘於每食之際，則即考慮箸之重心所在，如何執之，於物理學爲宜，果爾則食事將不勝其擾而成爲日常最苦之事。實際則不爲如是考察的作用，久之則自能爲適當之食法，幾見有不費思索，持箸不送之口而送之於鼻者。雖然此惟日常普通之事爲然，若遇特別問題之發生，則大有費考慮之必要。試看日常有不慣食西餐者，彼决不能如自由運用雙箸之協調然也。於時則如何運用其洋刀及肉叉，而遂不能不費充分之考慮。日常普通之事，一任知覺的動機，而對於大問題，不能不加深切之考慮，與斯道同也。無論如何珍貴食品，與特別食具，經屢次試食之後，終焉成爲熟手，此亦由非考察的知覺動機之活動而至成爲習慣的行動也。食事然，道德的行爲，亦何獨不然。

關於此點再一申其議論。本來道德行爲，由自認理想及順應理想行動之意志活動而成立。此道德的意志，以活動而有價値，由其意志之强弱，而行爲之道德價値，遂有大小之分。若斯意志不少活動，只爲習慣的機械的行動，則其行動於其自身，毫無道德價値之可言。誠然，作成如斯非意志的機械的良好行動之習慣，即爲良好品性之人，而於此有極大的道德價値；然而就習慣行動之本身言之，殊無何等道德價値之存在。彼夫小兒初生而即能吸取母乳，雛雞初生而即能啄取食物，無理想的自覺，而亦非考察的行動，不過爲本能的衝動的表現而已。此不屬於道德上論定之範圍。道德上之所論及者，則以自認理想而順應或違反之行動爲限。道德上認爲當爲者，以意志之力而實行之，即爲善行爲。反是以意志之力而爲其不當爲者，即爲惡行爲。如斯有意的避惡爲善，久之積修養之功，有如機械的習慣的爲善行爲，不思不勉，自然爲合理之行動，是等行動之本身，則出於道德的評論之外。道德上之尊貴，自屬當然之事，實則其行動之本身爲無價值的替代；品性者具至上之價值者也。品性之善，惟孔子足以當之，而不能概論一般人。

某學者分善—廣義—之階段爲三：第一爲自然的善，如嬰兒之適當吸乳，爲自然善之一例，而此不能爲道德的善。第二爲意識的善，即有意而爲之善，亦即自認理想與順應理想之意志努力而爲之善。第三爲無意識的善，即習慣的自然的機械行爲之善。充分積道德的修養，不藉意志之力而自然爲適當之行動是也；故仍爲一種自然的善。在不經意志而爲自然的機械行爲之點，與第一自然的善爲一致。兩者與道德的善性質迥殊，出於道德論之範圍以外者也。雖然無意識的善，爲經過道德修養後可以到達之狀態，卽經過意志作用後而始成功之自然的善，與第一自然的善迥乎不同，換言之爲卒業後道德的善。卒業後道德的善，非最幼稚的道德的善。是故不同性質之道德的善，如第一之自然的善與第三之自然的善，其間遂有霄壤之差。若風若雨，爲適當之活動時，爲自然的善，於人則嬰兒爲適當之吸乳時，亦爲自然的善，均有道德的意義，而於道德爲無緣。第三之無意識的善，其成爲自然的善，猶如進入道德生活之學校，經過長期修業後獲得卒業之榮者也。道德卒業者，應置於道德論之範圍以外，而宜與自然的善爲等視則大非。我等之行動，若果具道德卒業之意味，而到達於超絕道德判斷自然活動的程度，此誠可爲讚美讚善之行；然而曠觀八世，不幾爲絕無而僅有者耶。

善之三階級，既如上述。而其中第二之階段，可謂爲積極的意識之階段；第三之階段，可謂爲消極的意識之階段。第二之階段，則有俟於必然的意識指導而後行之，故以稱入積極的意識之詞爲適當。第三之階段，則行動者於適當進行期間，不需積極意識的活動，而惟於稍一差錯，則即有不容此差錯之潛在意識之表現，若爲匡正其差錯而來。是故第三之階段，於行動之後，而至成爲行動者監督意識之存在，其任務爲消極的。有良好習慣之人，於習慣而無些許有差之時，則意識亦無些許活動之必要；稍一有差，則意識即出而伸其職權，斯即所謂消極的意識之階段。試以音樂之練習示例，其初一見樂譜，則有如何審音如何湊拍之意識的必然的努力；積嘗久練習之功，結果則由勉而安，至成爲機械的自然的演奏。然而一旦指之運用有差，或聲之腔調未協，則此等差錯覺悟意識即隨之而起。斯即意識之非積極的活動，而消極的潛伏其後之狀態。是故第三之階段，如第一階段之與意識無關之純自然的階段，殆全爲兩類。

我等之常人，尚在徘徊於第二之意識階段之中。始而宅心遠大，動欲希聖希賢；繼而利令智昏，又不免爲自暴自棄。似此良好之道德品性，尚未成立，則爲惡勿寧較之爲善之趨向爲多。所願早日卒業於此階段，進而至於第三之階段，則道德前途，其斯爲日起而有功矣。以上關於良心之作用而余所懸想之大略如此。

於茲再一申余見。良心者如前所述爲社會我之一方面；社會我者，非純粹爲個人的，就其內容觀之，一切之人爲共通的。作成今日之社會我之中，有往古人之心，受往古聖賢豪傑之影響感化而作成吾人之心，古人之意識內容，即爲我等意識之內容。孔孟之道德，二帝三王聖君賢相之事功，以及周秦諸子光華燦爛之學術，一切古人之意識，何一而非吾人意識之內容。推之釋迦之慈悲，基督之博愛，亦都可作如是觀。是等偉人之意識，一一明白存在於我等之意識中。豈特此等之偉人爲然，普通人意識之內容，各各於某程度作成後輩人人意識之內容；即返之吾身意識之內容，亦同樣可爲吾身以後人人意識之內容。由是以思，我等之意識，於某種意味爲不滅的。即在作成社會我之內容，貢獻於社會我發展之範圍，而人類之社會我爲永久存在者也。斯即所謂一種精神不滅論。

佛蘭西學者孔德（Comte）亦有類此之言論。彼不用社會我之詞，而以人道一語表之。所謂人道者，其特質所在爲有永續性。由昔之人道引續而爲今日之人道，今日之人道又永久傳之後昆以至於無窮。現在之人道，不只依於現在生存不絕之人類形成之，勿寧謂爲依於既死之人類形成之部分，較之現在之人類形成之部分爲大。此非只爲虛擬之形容，而爲事實之眞相。是故與人道合體之心，有不滅性；其貢獻於人道發展之部分，殆與人道同有永久之生命。所謂精神不滅，其信然矣。由是以觀，彼爲非常的尊重人道者。於今日之人道中有基督，有此外諸多之偉人；是故今日之尊重人道，即爲所以尊重此等之偉人，崇拜人道，亦即所以崇拜此等之偉人。爲是之故，彼可謂爲人道教之一種宗教宣傳者。如彼之尊重人道，以余之言詞表之，畢竟不外尊重社會我而已。

第九章　欲望之統御

由以上所述良心之性質觀之，良心之本體，實則啟示道德之標準。吾人於應爲如何行爲，種種慾望併起之時，如何取捨選擇，如何統御節制，此時吾人所依之唯一標準，即良心之所命者是也。從良心之命令而行，即生本務之感。然則良心之命令，即道德本務（Duty）之所在矣。時時實行本務而從良心之命令，久之成爲習慣，終焉養成順應道德理想之傾向。於此時機，即成爲德（Virtue）。是則實行本務之習慣性，即名爲德，反是者爲不德。總之成爲倫理學上之問題，所謂本務論德論，均有論究之必要。茲先述關於本務論應當注意之點，次之而及德論。

第一節　本務之種類

依一般所考本務之觀念，甚爲誤謬，普通分本務爲二種類：卽確定的本務，與不確定的本務。英語名之爲 Determinate duty 及 indeterminate duty 。或者又以完全本務及不完全本務，卽 Perfect duty 及 Imperfect duty 兩詞區別之。所謂確定本務及完全本務，總之爲當爲之事，不爲則成爲道德上之罪人，而爲明白規定之本務，卽完全具有本務之實質也。反之而不確定的本務及不完全本務，於當爲之事，爲之固善，不爲亦不爲惡，無明白規定之性質，故名之爲不完全本務。確定的本務，例如借人之金，不可不償還之，又如不可盜人之金，均爲確定的本務，違之則卽成爲道德上之罪惡。反之而不確定的本務及不完全本務，例之平時不可不爲慈善之行爲，戰時不可不爲傷殘之救護。是等本務，爲之誠人道之善舉，不爲亦非道德之罪人。此與借金當還，不可爲盜之本務，蓋完全殊其性質者也。

普通分上述之本務爲二種類，而由倫理之見地言之，殊有未當。是等區別，於法律上可得成立。卽法律上借金當還，勿殺人，勿爲盜，凡皆有明確的規定；而慈善行爲，於法律無確定明文，所以於法律可得區別確定的本務與不確定的本務，而於道德則否。道德上之本務，無完全與不完全之別。既云本務，則任何本務，皆爲完全的本務，任何本務，卽皆爲確定的本務。人之應爲慈善，卽在其人之財產與其人之境遇可能之範圍，以慈善的態度，救助社會，爲其當然之本務。既曰本務，則與借金當還等規定，同樣爲完全本務及確定的本務也。道德上之本務，無完全與不完全確定與不確定之分。由道德言之，人皆有爲理想生活的本務。理想的行動，乃人類當然之舉。吾人於己力可能之範圍，有不可不爲最善之本務；此卽道德本務與法律義務差異之點。以金錢言之，蹀躞遊行靑樓，浪擲無謂之金錢，雖云取之己囊，究屬有違道德的本務；而由法律言之，則自由使用自己之金錢不爲罪。但使不盜人之金，及於相當時期償還借金，斯卽不背法律上之義務；任何自由使用，乃法律之所不能問。而由道德言之，則除借金當還及不當盜金外，更進而有理想的運用金錢之本務。狎遊靑樓，爲非理想的浪費，是則破壞道德的本務，而道德上之罪人也。

由此點觀之，道德上之本務，與權利並行，而其範圍則相等。於可得使用自己所有物權利之範圍，而使用之本務隨之。換言之，旣有權利，則理想的實行此權利之本務，於是乎在。權利與本務，道德上之範圍爲同等。由法律言之，借金當還及不盜人之金，爲人類義務之當然；至於使用自己所有之財產，不一一規定其本務，一任所有者之自由處置而已。此卽道德本務之所命，與法律義務，殊其性質者也。

由人本主義之見地言之，則人格爲唯一之實在。而此人格，可於自認應當追求之理想而實現其理想我求之。實現理想我之本務，則與人格之性質共其存在，有斯本務而權利以生。理想的使用自己所有財產，而滿足良心之本務，卽爲公共之善而使用之本務也。所有財產，爲供理想使用貴重之寶器。吾人之自身，各有運用理想之天職。是故對此寶器，不當使他人之染指，而拒絕他人干涉之權利，由之而生。爲完成自己本務與圖天職之充分圓滿，而主張權利之威嚴，由之而生。有本務，故有權利也。凡有某種之權利，則卽有理想的活用之本務。人有保存自己生命之權利，有斯權利，則自由處置此生命爲不當，而不可不爲理想的活用。有生活的權利，則卽有理想的爲社會而生活的本務；若不履行此本務，則卽失去其生活權利之價值。法律爲人民生命之保障，對於斯人，仍不得有任何侵害之及身；而由道德言之，則斯人卽爲失去其持續生命之權利。吾人因有生命保存之權利，故有理想的爲社會而生活的本務。斯卽生命保存之權利重大意味之所在也。權利之概念與義務之概念，不可相離；只以好生之故，認爲生命保存權利之本旨，極爲幼稚之見。吾人之身體，爲極大之天職而存在，以道德理想之實現爲歸宿，是故對於身體而至有秋毫不許侵害之嚴重的權利也。

以上爲關於個人之權利；國家存在之權利，亦何獨不然。若某國只爲危亡可畏之故，至不惜興兵動衆以求一逞，則其意義極爲淺薄，而價值不生。反之國家有爲人道之大任務，國家之存在，以完足此任務爲歸。於時敵國有害及我國之安全者，迫於任務之所在，不得不予以相當之打擊，似此保護國家而持續其存在之權利，卽崇高威嚴之所由生也。以視只爲危亡可畏以求一逞者，其價値之大小，蓋不可同日而語矣。又如實踐天職之國家，始爲眞正強勝之國家；於人道無何等之貢獻，唯期不滅而存在之國家，爲甚無意義之國家。總之由本務而生之權利，於道德始有重大之意義，此則談本務者之所當注意也。

第二節　功績行爲

關於完全本務與不完全本務，再一言之。如普通所認本務有二種類，於人當認許其得爲完全本務以上之行爲。換言之，假定爲完成其確定的本務，而更得爲較此更進之善舉。再以前事爲喻，返還借金及不盜人之金，若爲人類當守之完全本務，則充分完成其當爲之本務，尙當承認其能爲較此更進之善舉。如是爲本務以上之特出的善，即普通所謂義務以上之善行爲，稱斯善行爲爲有功績（Merit）行爲。此普通之所認也。而有功績行爲，遠在完成義務之行爲以上，此如返還借金以外，而更惠賜多金也。雖然所謂義務以上之善行爲，及特出之功績行爲，諸凡區別，全爲常識的解釋；而由道德上嚴密論之，所謂義務以上之行爲，畢竟爲不可有。普通則實踐義務之事，恰如返還借金之解釋。如是則照債額而多量支付，當認爲有功績之行爲；然而斯等之解釋，殊有未當。由道德言之，則支付債額以上之多金，不能爲道德上至上之善舉。何則，由道德言之，應時時爲最善之行爲，有不爲時，即爲怠於義務；縱令時時爲之，亦不過義務應爾，又何義務以上之足云。最善以上，尙有更進之善，則此之最善，決不能爲眞的最善。若果力爲最善，爲人類之義務，則行義務以上之善，畢竟爲不可有。雖然所謂功績行爲，亦自有說。以余之見，吾人於感謝建設社會偉大事業恩惠之際，是由社會方面認許其人之行爲爲有功績者，決非由本人之自身，自行認定者也。何則，所謂義務以上之行爲，爲道德之所不許。換言之，無主觀的自認功績之權利。唯其所爲之事業，有利益於社會，而於社會卽客觀方面認爲有大價値之時，則功績之觀念可得成立，未有主觀的自行認定者也。功績之觀念，由社會價値之表出而始得存在。例之日俄戰役，多數之軍人，各自盡其殉國之本務，斯等有名譽之軍人，由國民方面獲得無量之感謝，豈有自詡爲義務以上之特舉者？此在有名譽之日本軍人，可信其無作是想也。唯由國家及一般社會認其功績，或賜勳章，或建銅像，或贈予紀念物，聊以申其酬報之意而已。若非然者，自恃其爲義務以上之行爲，當然獲得隆重之報答，是等心情，道德上極爲可鄙者也。

關於義務之解，在昔有某學者與某將軍激烈之論爭。某學者之言曰：軍人者，不可不爲義務而戰。某將軍則起而駁擊之，謂軍人只爲義務而戰，則有莫大之危險，是不可不爲名譽而戰。某學者所述之義務，若爲余上文所述道德本務之意義，則其說固無絲毫之不當。卽軍人之職分，若謂其爲軍人最善之義務，則此卽爲理想的軍人。而將軍者，則以義務之意義爲普通之解釋，有如長官命令之意，假設軍人只爲義務而戰，則似可不爲義務以上之善行爲，換言之，卽晝地自限不再前進爲當然。此卽危險結果之所由生也。爲防斯等之危險，而排斥某學者之說，國家之軍隊，寧容以此等劣念浸灌於軍人之腦海，是不可不爲名譽而戰，以爲軍人教育之中心。此置重於國家名譽與軍隊名譽之說，誠不失爲有價值之言論。以余所考，則雙方之論，均不失爲正當之見。將軍之所謂『爲名譽』，與學者之所謂『爲義務』，其歸宿則同。要之對於義務之解釋有差，至無端惹起如斯之論爭。所當注意者，爲闡明理論，與爲社會羣衆示教，其間不可不立明白的區別。社會之羣衆，不審義務之意義爲如何，只言義務之當然，而不附加何等之解釋，恐有惹起誤解之虞，而於知識程度之低者爲尤甚。至於理論，則雖馳騁其詞，尙無何等之妨礙；不過關於名詞之使用，實際上不可不大爲注意。畢竟因人說法，四字要訣不可忘也。

關於義務，尙有種種之實踐問題，不過本書主要以說明道德理論爲目的，所以力避過深之實踐問題，一任諸君之自由研究可也。

第三節　德之意義

要之本務之感，由順應良心所示道德理想之必要而起。依於道德理想統御種種慾望，取捨選擇而常爲其所當爲，終焉則養成爲善之習慣，即名爲德。由此而進入德論。所謂德者，自其爲善之意志，成爲習慣的活動，不爲惡而爲善之作成品性言之也。換言之，爲適於道德行爲的性質，亦即時時往復實現其理想我而積漸成功之狀態。希臘古哲蘇格拉底關於德之言論曰，知識 knowledge 即德。是即關於善惡及一切當爲不當爲之事項，但使知之，則即作成道德的意義。是故無明知而爲之惡，一切之惡，皆自無知而來。此爲知識即德之知德一致論。我之所見則異是。蘇格拉底此言，恐係就其自身言之，而非爲一般人言之也。一般人之所爲，非如蘇格拉底之所云。若果蘇格拉底所言爲合於眞理，則世之爲惡者，將不能對之而問道德的責任矣。知善不爲，知惡不避，爲各人所不能免咎之事。若爲惡而全基於無知，殊無加罪之理由。又第知之，則即決定其人之必爲善，如是之善，殊無可稱之價値，不過爲其人之本分之事而已。道德責任之得成立，蓋假定爲識別善惡，同時由其意志之自由決定，可以爲善而亦可以爲惡者也。是故爲良心所命之善，則其行爲即爲道德所賞讚，否則爲反於良心之惡，則即爲道德所擯斥。我等所認道德之意味，與蘇格拉底之所言，則固不盡脗合也。以彼所思，普通所言知識，非眞的知識，若果眞知其爲善爲惡，則必毅然決然，實踐其善而務去其惡。曾有幾人明知沉醉之傷身而仍故爲過飲者乎？其仍爲過飲者，必其於飲時之快樂，與較此而生之苦痛，未有明確之比較知識故也。此蘇氏之重視知識之言也。而由我等經驗言之，則不問其眞知飲之爲善與否，只由意志自由決定之點而視其爲過飲與否而已。必先認許意志之自由，而始可言道德的責任。吾故以蘇格拉底之所考，爲未免於誤謬也。

其後亞里斯多德（Aristoteles）對於德之解釋，則與此異。彼以德爲選擇善良行爲之習慣，只有知識，不能爲德。基於鑒別善惡之知識，而常反覆於爲善去惡之練習，久之則良好習慣以立，而爲善去惡之傾向，亦由之而成矣。造詣至此，即成爲德；只有知識不足以當之也。誠然，知力爲養成道德必經之階段，然而只此不能爲德。意志之作用，爲道德上不可缺之要素。蘇格拉底則只重知識，而亞里斯多德則重在意志。不修養爲善之意志而反覆練習之，欲以成德難矣。此亞里斯多德之重意志之見也。

亞氏之說，與今日一般倫理學上之解釋，則大體一致。道德行爲，以意志問題爲中心。馳騁理論而自詡爲游泳家，一旦投身海洋，巨浪之來，有束手待斃者矣。屋中游泳，案頭空論，亦何關於實際。道德事實，非僅以知爲能事，果欲爲眞有德者，其必自道德意志之修養始矣。

是故德者，可謂由善行爲之反覆練習而成之意志的習慣性。於此有當注意者，即道德習慣與一般所稱熟練之區別是也。例之畫工梓匠之以技藝爲職業者，時時爲之，積久則生一種相當之熟練；有以建築圖案爲請者，則立時出其擅長之技巧，貢獻適當之功能。是等熟練，謂爲其人之一種良好習慣亦宜。不過以畫工等熟練意味之習慣，而直與道德意義之習慣同樣視之，則誤謬之甚者也。何則，精巧之畫工與梓匠，其有熟練之伎倆，與充分表現之能力，縱令不爲建築圖案之表現，而一般亦皆許爲精巧之技師。於道德則欲爲善，任何時有得爲之能力。有人焉，得爲而不爲，或爲之而無耐久力，口是而心非，始勤而終怠，尙能博得一般有德之贊許乎。再以吾人日常淺近之事言之，當眠則眠，當飲則飲，當晏遊則安遊，似此常爲順應道德標準之行動，即成爲德，反之則爲不德。是故道德意義之習慣，在爲善之有恒，而技術家熟練之習慣，信技巧之在手，有不可同日而語者也。

第四節　克己之意志

欲期道德之成立，則不可不具常久爲善之力。然而非易言也。常久爲善，則不可不常久持續其克己之意志。蓋既有爲善之欲念，同時不可不禁壓反對此善之欲念。換言之，即抑制其違反道德標準之强烈欲望爲必要。不堅定其自我否定之意志，欲以成德難矣。是故克己意志，爲養成道德必要之條件。彼夫與世浮沈，薄志弱行之人，識力未堅，遑言進德。道德生活爲奮鬥生活，其謂此也。抵抗强烈之誘惑而摧陷之，征服之，誠修德之要道矣。

如是否定自我，時時堅定其克己之意志，漸至作成爲善之習慣，終焉養成完美之德，於時亦無否定自我之必要矣。其初則否定自我爲必要不可缺之條件，至於積修養之功，終焉違反良心之欲望不起，自無增强其克己意志之必要，道德修養漸趨成熟故也。是故無否定自我必要之時，即爲完全道德成立之時，此爲道德之最上乘。孔子所云七十不踰矩，即此之意態也。既如所言，否定自我之精神，爲修德未至時一種緊張之狀態，則有否定自我意態之時，亦竟可謂爲道德尚未完成之時也。

自我否定與道德之關係，有如上述。自我否定之本身，非吾人最後之道德目的，此不過爲達於最後目的必要之條件，而斷不能爲最後之目的。無自我否定之必要，至爲理想一致之行爲時，始可爲入於道德理想之境域。是故實踐之道德，姑且不論，而由倫理之見地言之，克己主義或禁慾主義，其爲謬誤，不待贅言。有謂克己爲道德目的，禁慾爲道德理想，均非見道之言。不俟何等消極裁制之力，至於自然發揮順應良心之行動，始爲眞正道德目的之所在也。

雖然爲達如斯理想之境域，而克己禁慾實爲必要。吾人之慾望情念，一或走於極端，則有逸出道德理想範圍之傾向；是故禁遏情念與否定自我之說，最應權衡取捨於其間。禁慾說者，以一切慾望爲不德而欲悉數禁絕之，於實踐固無特別之妨礙；不過此說於實踐上爲有意義之舉，而由理論言之，則不能爲最後目的之所在。康德爲近代禁慾主義之有力者，然而謬矣。

於前曾言慾望之本身，無所謂善惡，種種之慾望，於滿足全體的自我各有相當之任務。在其正當完足各個任務而得滿足時，全體自我之目的即可得實現矣。是故儘所有慾望而悉絕之，則無實現全體目的之可能，惟有使慾望活動於任務相當之範圍，則即爲善慾望，反之則爲惡慾望。誠然，慾望之易流於惡者，自當施以相當之警戒，而若以慾望之本身，不問全體部分關係之如何，而直斷定爲不德，則誤謬之甚者也。慾望之活動，不能一一放任於自然；是故依於良心之標準而統御慾望，其爲修德必要之條件，自不待言。適當統御之慾望爲善慾望是矣；然而次之疑問起焉，即最爲適當之滿足，如何慾望始可爲善乎？例之於爲盜之慾望而欲得適當之滿足，亦可謂善乎？吾有以知其必不然矣。欲盜之慾望，既爲不適當之病的慾望，或惡的慾望，縱令於此爲適當之滿足，而决不能逕認爲善。占有某物之慾望，於其自身無所謂善惡，若由不適當之活動，至於爲盜而占有某種所有物時，即成爲惡。飲酒之慾望，於其自身亦無所謂善惡，在實現自我理想之範圍而爲適當之飲爲宜；至於沈醉恬嬉之慾望，則爲不適當之病的慾望。是故欲爲適當之沈醉，與欲爲適當之盜竊爲同一性質，其不能爲善，乃毫無庸疑者也。

要之欲望爲行爲必要之條件，在適當無病的範圍，一一有其至切之任務。絕滅此等慾望，畢竟爲行爲之不可能，因之而道德行爲，亦成爲不可能之結果。由此觀之，禁慾說之不爲正當，彰彰明甚。但慾望之自身，動輒陷於弊害，所以豫爲防閑，對此而取禁慾的態度者，實爲修德方便之門；而由學說言之，則不能不爲背理之甚者也。以余所考，但使適當統御於良心支配之下，即有諸多之慾望，殊無可爲妨害之處。且慾望亦有種種，有學問之慾望，有慈善之慾望，有食甘旨，健身體及其他種種之慾望。此等慾望，皆足助成理想我之實現，供予全體之調和。是故於良心統御之下可得滿足之範圍，而其慾望之數，愈多愈善。在整齊步調活動之範圍，而其活動之力愈强愈善。總之在適合理想，不失全體調和之範圍，方面愈多，活動力愈强，較之能力不及乎此或大反乎此者，而其人格之偉大，爲夐乎不可及矣。於道德上，慾望之增多非可憂，而趣味之豐富爲足貴。一言慾望，舉人而皆聯想於卑劣之途，殊非所宜。余願更有進者，居常國民生活，率多陷於單調而乏趣味之弊害，夙昔之所不絕追求而爲慾望之對象者，其數甚少。若再增殖慾望而善統御之，其於造就大國民以植萬年有道之基者，爲使多矣。

豐富趣味，同時而保持理想的調和，頗爲困難之事。慾望愈多，則調和統御之事亦愈難。爲期調和統御之成立，其不能不犧牲幾許豐富多趣之資料，乃爲事實之眞相。然而排斥如斯之困難，使人格之內容，愈益豐富而有趣，同時不可不使理想的調和，愈益鞏固而有力，於以實現理想的人格，並非難事。然而事實則反乎此，欲多趣味，則厭規律，動輒趨於浪漫的生活，或者於惡的意味上而營其美的生活。今之所謂文藝家者，此輩爲多。反之而所謂道學家者，敵視浪漫多情的生活。而惟注意於統御規律的行爲。兩者不拘何屬，總之爲見到理想人格之半面，拾其半面，誤解全體，此道成德立之所以難其人也。無規律的趣味，與無趣味的統一，均之失去道德的價値。合此兩半面而完全之，於理想人格之實現，其近之矣。

然而國民歷來之傾向，採禁慾的方針，重視規律統御的生活，而忽略豐富多方的趣味，此誠一般先覺者之所焦心熟慮者也。雖然當此新舊過渡期間，青年男女，趨向未定，驟然提示多方之欲求，恐反爲促成煩悶之誘因，是則導以適當之順序而穩定其步驟爲必要。何則，今日之青年，對於時代環境而觸發之新欲求，尙無充分之準備與覺悟，一旦新潮汎至，不自顧其實力如何，而妄欲於咄嗟之間，獲得充分之滿足，一有意外之打擊，則煩悶即應之而起。尤其婦女，於家庭飽經干涉束縛的生活，無自由活動之餘地，於此新說紛起時機，素無周旋應付的準備，此則較男子而尤不勝其苦者也。是故以適當之順序與方法，昭示國人，使爲豐富多趣之心情，事之至要，蓋無過於此者矣。

此外國人之寡慾，亦爲應當注意之一事。余之所抱隱憂者，則爲健全身體之慾望至爲缺乏是也。不觀儲金，日積月累，其趣味則愈益增加，而獨關於身體之健全，使容姿而爲雄壯優美之努力，則罕有注意及之者。日惟枯槁其顏，支歛其體，習焉相安，忝不爲怪。沒却身體全部之美，而惟以容顏之美醜較短長，此則思想之甚爲乖謬者也。而此不過爲其一例，此外尚有種種高尚之慾望，勃興而來，總之慾望愈多，其需要吾人之努力亦愈大。就現在狀態所感之不滿足，而欲到達最滿足之狀態，其有待於吾人特別之努力，一如生活費之需要多金然也。殖慾爲活動吾人之興奮劑，無刺擊性之事理，不能促起吾人之活動。置吾人於不得不活動之境遇，則自有欲罷不能之活潑作用湧現而來。或者時時活動，於吾人之自身感覺若干之痛苦，亦意中事。而爲促成國家社會之富強，提高民族之文化，固知非慾望貧乏者所能勝任也。是故禁慾主義，雖已成爲有力之理論，又於某種意味，雖便利於實踐，而終未敢予苟同。然而排斥禁慾主義，要非漠視規律調和，儘所慾而求滿足之謂。一面求趣味之增加，一面又求張弛之適度。此者，畢竟爲自我實現的良心主義之歸結。

第五節 德之分類

所謂德，蓋自吾人之意志常有爲善之習慣言之也。以常爲善之習慣的意志爲本，無論遭遇何等境遇，而皆能爲適當之處置。總之根本之一德，應於種種之境遇而有種種之形式表現而來。古來德之分類，夙有睿智、正義、勇氣、節制等目，要之皆爲順應道德標準之習慣的意志，隨境遇而表現之形式。其根柢唯一，至德之所以爲德之性質，則隨種種之境遇發揮而種種之德目立焉。換言之，有理想行爲之意志，常爲良好的活動者，則其人於從戎，自不至苟且偸生，而有義勇之德，於金錢消費，自不陷於奢侈與吝嗇，而有節儉之德，於夫婦間有純潔的戀愛，於君父間有忠孝的行爲。故吾人之修養上，以完全養成根本之一德爲宜。關於德之分類，無再詳細申述之必要。種種德目，不外同一根幹之分歧。以故此等諸德之間，有密接不離之關係，自不待言。此非單獨互相離異而存立也，有眞知始有眞勇，有眞知勇而始得爲眞正之仁者，缺其一則非完德，此修養根本一德之所以爲可貴，而時時活動其爲善意志之爲必要也。

欲時時爲善，則不可不自固其不爲反對於善之意志。此自我否定——卽克己精神之所以爲必要也。道德與克己之精神有如何之關係，旣如前說。人各具有自由之意志，故有明知理想之爲何，而偏爲違反理想之行爲者，於斯時機，卽爲惡行爲。本來德與不德及種種善惡之區別，不可不在自覺其何爲理想之後。不爲自己所認之善，換言之，卽爲違反理想所示之行爲時，卽爲道德的惡，若不知其何者當爲與何者不當爲，斯等行爲，不能予以道德的判斷。人以外之動物，無此等理想之活動，其不能施以道德判斷也亦然。人者，有自認之道德的理想、而又有得以實現之能力，故其行動，自當爲道德責任之所歸矣。

道德的惡，由種種之見地觀之，可分爲不德，背法，及私欲三者。所謂不德（Vice）自其非理想目的之病的慾望而求滿足之習慣性言之也。嗜酒之人，於飲酒之病的慾望而求滿足，以此目的爲中心，而其他一切慾望均爲隸屬之物；無論讀書運動，皆爲飲酒之一念而來。此卽爲不德之一例也。

次之所謂背法（lawlessness）乃爲蔑視理法惟所欲爲之一種惡癖。不顧何等之規則，亦不受制於何等之義務；慾念之來，則盡量而求滿足，一惟度其自由浪漫之生涯。所謂道德規律，概置不顧，弁髦之可也，土苴之可也。

又次所謂私欲（Selfishness），乃指專顧自身罔恤公衆之利己主義的行動言之。三者無論何屬，總之爲違反道德的理想；而其爲道德的惡，自不待言。

道德的惡，又可區別爲道德的薄弱，與道德的邪惡之二者。所謂道德的薄弱

（Moral Weakness）乃由履行良心所示道德理想之意志薄弱而起。即欲爲善，而以意志薄弱之故所生之惡行爲。

次之所謂道德的邪惡（Moral evil），則與前異，而由違反良心所示道德理想之意志邪惡而起。即由欲爲惡之惡意志而起之惡行爲。前者只不爲善而已，而後者則敢於爲惡。前者只漠然不爲其所當爲而已，而後者則公然爲其所不當爲。道德的薄弱，爲消極之惡；而道德的邪惡，則爲積極之惡。然而不論爲消極的與積極的，而在違反道德理想之點，則同一爲惡行爲。以不爲惡之故而輒傲然自大者，斷無是理。僅不爲其不當爲，不得爲善行爲，是必更進而爲其所當爲。僅不爲惡而遂傲然自大者，是猶前述之完全本務與不完全本務，只實踐其所謂完全者，而遂自以爲宇宙之完人也。不爲惡，不過不爲法律上之罪人而已，人間甯有不遭法吏干涉而遂可以神聖自詡者乎。只實踐其完全本務，倘不更進而實踐其所有作人之本務，是仍不足爲道德上之至善也。

舉例言之，有如行道而見孺子將入於井，此時放任不顧，必不能免孺子於死，汲汲焉奮不顧身而往救之，理也亦勢也。然或意圖省事，留待後來之救助，而己則徜徉以過者有之。是卽爲道德薄弱之惡行爲。明認救危爲至當之行，只以意志薄弱之故，恝然不一援手，而悠忽以去，此非所謂違反道德理想之行爲乎。又或與人徒步而遊廣川，只以其人爲己所素憎之故，意欲置之於死，乃乘其猝不及防之際，一舉而送之波臣。是卽由爲惡之意志醞釀而出，而爲道德邪惡之一例。是等行爲，其爲違反道德的理想，更不待言。是故道德的薄弱與道德的邪惡，同一爲惡行爲，不過有輕重之差耳。卽積極的惡行爲，其罪惡之程度稍重，消極的惡行爲，則認爲有可寬恕之點而已。借金不還，爲道德的邪惡；卽或還之，而不更進而爲慈善之行，則仍不免爲道德的薄弱者也。

普通則大體假定爲人應守之一般標準。關於此點所示不可不爲之界線，殊不明確。換言之，於社會則有普通所認之平均標準。爲斯平均標準以上之事，則爲卓越之善而被褒，不爲則亦不爲特別之惡而被貶。至於爲此標準以下之事，則其爲特別之惡而被貶可知也。更一深味之，則於此平均標準而有上下之二界線無疑。所謂上之界線，卽此線以上，則爲特別可褒之線。下之界線，卽此線以下，則爲特別可貶之線。而位置於此上下二界線之間者，非特別可賞，亦非特別可貶，而爲無可無不可之一流人，非罪人而亦非至人也。然在此界線內而有自鳴得意以傲人者，殊爲謬誤之見。此由普通標準言之則可，若由道德標準言之，則不可不以能爲上之界線之事，爲其最後之歸宿。

第六節　刑罰之意義

所成爲罪惡者，道德的邪惡，較之道德的薄弱爲重；而法律之科罪，概由道德的邪惡而來。對於科罪而有刑罰之事，是故由上所述余之倫理觀，而刑罰之意義爲如何，不得不一申余之意見。

刑罰(Punishment)者，對於社會成人之罪惡而社會所下制裁之謂也。所謂惡行爲，自道德言之，則爲違反社會我理想之行爲。再爲通俗之解，則爲違反社會公認之標準。是故以惡行爲而謂爲社會個人之叛逆的行動則大非。以是對於斯等叛逆的行爲而社會所下反動的制裁，卽爲刑罰之意義。是故刑罰云者，乃社會對個人之事，而非個人對個人之事。例之某甲個人對於某乙個人加以某種之損害，因而乙對於甲報以同等之損害，此不得爲乙之罰甲。所謂罰者，非個人對於個人報復損害之謂，不帶社會意志之制裁，則不得爲刑罰。是故敎師苛責生徒，父母苛責其子，於斯時機，若只出於一己之私心以一逞其毒口而後快，此則成爲暴虐，而不得爲刑罰，適與復仇虐待同一意味而已。否則苟爲代表敎育社會之意志，而由敎育的理想，敎師加制裁於生徒，代表家庭之意志，而由家庭的理想，父母加制裁於其子，則謂敎師之罰其生徒，父母之罰其子宜也。以國家之法律而罰罪人亦然，法律上之刑罰，實則代表國家之意志者也。裁判官對於罪人，宣告種種處分之刑，此非由裁判官一己之私意宣告之，屬於國家機關之裁判官，代表國家之意志而宣告之者也。不然裁判官以一己之私心，任意捕人而置之於死刑，或處以若干年之禁錮，斯等裁判官，適成爲亂暴殘酷之徒而已。其他執行死刑之役吏，若非由國家機關之命令而行，一惟自己之私意，悍焉而縊人之首，則其人適成爲殺人之罪犯而已。非個人的而爲社會的，此乃刑罰之特質。而刑罰之爲社會對於個人所下之制裁，更無疑義矣。

刑罰之爲社會的，其理由爲何，畢竟爲社會公衆對於罪人叛逆之行爲而起之公憤故也。例之某甲由某乙而受某種之損害，此時不只甲對於乙懷憤怨之心，而在不受損害甲以外之一般人，聞之有如身受，因而慨然大鳴其不平。此即社會公衆要求制裁之明證也。換言之，則乙之所行，不惟損害某甲而已，實則於破壞社會正義上，成爲罪惡，因而不能不受刑罰之制裁。是故只賠償乙對於甲所加之損害，而尚不得爲免刑。甲之苦痛，雖由此而得償，而其與於社會正義之損傷，則固未恢復也。在對個人之損害賠償之外，有由社會予以相當制裁之必要。爲盜之後而返還其贓物，盜竊之罪名不消；僅被害者之損害有著，而破壞社會正義之報償，則尙未履行也。不論對個人報償之如何，而由社會一方，有論罪科刑之必要，則毫無可疑者也。

本來所謂個人，就其各個之身言之，於法律上有同等之資格。於有同一資格者之間，刑罰之意義不生，相互之衝突有之，而刑罰之意義，則於其間不能成立。罰者較之被罰者，於權威上不能不爲較高之階級。社會對於個人而加制裁時，則適合此旨。若僅對於同等資格間復爲仇的行動，而適用刑罰名詞，則其不當亦何待言。刑罰者，乃社會對個人之事，斯語願切識勿忘也。

昔者亞丹斯密（Adam Smith）亦有類此之言論。彼之基於社會的同情解釋正義之點，則與余之所見爲一致。其言曰：判斷人類行爲之善惡，不可不訴諸同情。而同情之種類有二：主觀的同情（Subjective Sympathy）與客觀的同情（Objective Sympathy） 是也。主觀的同情者，於爲某種善行爲或惡行爲，置吾身於行爲者之地位，而觀其人爲如何動機如何行爲之心情，同情於此而評定其行爲之道德價値者也。

客觀的同情者，置身於爲某種之善行爲，受利益而起感謝，或爲某種之惡行爲，受損害而起憤怨者之地位，同情於此而判斷其行爲之道德價値者也。不待言主觀的同情與客觀的同情，兩兩相待有不可離之勢。依此兩者，然後對於行爲可得正當之價値判斷。換言之，則了解行爲之動機與結果之如何，而始能下正當之判斷。然不過此兩者之中，主觀的同情，於今殊非必要，茲姑就客觀的同情而一述之。所謂正義，實則由客觀的同情而得成立。凡受恩惠之時，對於施恩者則起感謝之情，受損失時，對於加害者則起怨恨之情，亞丹斯密稱此爲報酬的衝動（Retsibutive impulse）。報酬的衝動，起於最先直接受恩惠或受損害者之心。而此衝動，不只起於其人之心，由客觀的同情而亦起於一般人之心。縱令自身非直接受恩惠或受損害者，而此感謝或憤怨之情，則一般所同然也。如是報酬的衝動・自其普遍於一般時而正義以生。所謂普遍化之報酬的衝動，即正義也。換言之，則正義者，非由個人與個人之對待而起，而爲社會的性質。是故盜人之物，不只加損害於被盜之人，直成爲破壞正義本身之事。是故於恢復被傷正義之旨，而刑罰以立。刑罰之爲社會的性質，益明白無疑矣。

穆勒約翰亦有類此之言論。其言人之能爲正義者，謂其有急切降罰於加害者之熱望故也。於己雖非直接受害之身，而一遇有同類之被害者，則代呼將伯，申警兇頑之熱望，即與念俱來。此即同情之感，發之而爲刑罰之要求也。不過此種要求，更可分析爲二種之感情，即自衛之動物的感情，與高尚的同情是也。無論何種動物，遇有加害於己者，則即時防禦而爲反抗的舉動，此即所謂自衛的感情也。在人則有一般動物的感情，而更有高尚的同情。不只於自身受害之時而取反抗的態度，即對他人之受害，亦輒感同身受而促起其降罰於加害者之熱望。要之所謂罰者，非純粹個人之事，而爲社會的性質，於此點則穆勒之所說，與吾前述之意旨，殆無二致矣。

第七節　刑罰學說述評

關於刑罰有種種之學說，而解釋之不當爲多。茲先簡單評論各說，並以自身之所認爲正當者，一申其意見。關於刑罰之學說，大別有四。

其一爲報復說。此以刑罰爲個人對個人之解釋也。某甲加某種程度之害於乙時，乙則返還其同等程度之害於甲，以此爲刑罰之趣旨，漸漸發達而爲今日之狀態。溯其緣起，則受害於人者，即有同樣報復之要求。於斯時機，其有報復之力者，自可如願以償。否則無力以爲報復時，則不得不仰托某種有力者代之而行報復之事。如是則必捧呈相當之贈禮於有力者，方足以表申謝之意。然而煩矣。是故設立政府，由政府致報復於加害者，其時人民爲尋贈禮之替代，納稅之事即因之而生。此其立說之本意也。爲斯說者，則視被害之情形而取同程度之報復爲原則。例之折傷左腕，其報復於加害者亦如之。然而原則不盡可行，試看討敵之行動，幾見有稱量平施而無枘鑿之差者乎。討敵卽一種報復行動的表現也。要之報復說將刑罰爲個人的解釋，其不能爲正當之論，無待贅言。

次之爲保護說。由此說則罰及罪人，謂夫盡罪人而放任之，則於社會爲有無量危險故也。穿窬之來，防不勝防，是故對於斯等罪人，按等科刑，而使社會遠離危險快睹安寧爲必要。此以保護社會爲刑罰之目的也。誠然，於刑罰涉及保護之旨，非不可行；然而只以保護爲目的，則其事於社會苟無何等之危險爲一般之所認者，縱令違反正義，亦無施罰之必要矣。有如某人以其妻特別之事情爲本，而謂殺妻者不當罰。其人而爲早已無妻之人，當然無再度殺妻之危險。爲是之故，縱使宥免殺妻之大罪，亦無所害。至如平常竊盜之事，但有機會卽可爲之，若不罪其不義，只以其危及社會，不能不予以刑罰之處分，如是則與前言正義之要求，大相齟齬；而其議論之不當，更何待言。

第三爲感化說。此以使罪人改過自新，不再爲惡，爲刑罰之目的也。如斯目的，由道德言之，實爲最貴重之事。於刑罰則感化目的，非不可期待於將來；不過只以感化爲刑罰之目的，則爲偏重一方之見，而扞格難行。何則，刑罰而若只以感化爲目的，則誠心悔改之證迹，既已顯然，即不可不出宥其罪而赦免之。有人於此，無端冒險行兇，極他人之所不能忍者，公然忍之，而爲殺人之行；而當殺人之瞬間，翻然悔悟，一反從前之不善，而願從此更進於善。於此時機，則由感化說之見地，似無加刑之必要；然此豈爲正義之所許乎。以常情言之，人之力於爲惡者，固亦能力於爲善者也。一般殺人犯中，其爲誠心悔改者，頗不乏人，而比較輕微之竊盜罪，反多習非成是而無術以自新。於斯時機，於彼則原情獲免，於此則禁錮終身，由正義之見地言之，誠爲不當之甚者也。是故只以感化爲刑罰之目的，誠有未合；而其爲刑罰目的中之一要素，則亳無可疑。有爲完全排斥感化目的之說者，余亦非之，此則關係於死刑存廢之問題。於刑罰目的中，一味感化之義，則廢除死刑，自爲當然之結論。如謂置之於死而已，有何感化之可言。是故不認感化爲目的中之要素則已，如其認之，則死刑廢止，實爲至當。實際之事情，姑置不論，而由道德的理想考之，則感化爲刑罰目的之一要素，自爲正當。不過只以感化爲目的，其立說之不當，已如前述，無待贅言。

第四爲威嚇說。依此說則罰及罪人之理由，爲威嚇他人，使知爲惡則當受同樣之苦難；是爲喚醒他人而犧牲罪人也。姑不論此說之關於正義爲如何，而威嚇之目的，究竟能達與否，殊有考慮之必要。無論如何殘酷之刑，若於達其威嚇目的爲有効，則卽悍然不顧一切，盡罪人而犧牲之，爲他人計則得矣，而對於罪人，則亦何詞以自解。本爲懲罰罪人，又意不在罰，爲他目的而以刑罰爲手段，斯等刑罰論，殊屬有乖正當之見。果其基於正義而施罰，自然對於他人有威嚇之作用，而無任何之妨害；否則徒以威嚇爲目的，其與刑罰之意旨，失之遠矣。

然則余之所主張者爲何？如前所述，刑罰有報復、保護、感化、威嚇等說，各有一部分之眞理，不過未得其正而已。刑罰之眞正意義，卽前所言爲圖被傷正義之恢復，而以社會的制裁爲旨者也。於是則有比例被傷正義之程度，而下制裁之必要。此則稍似報復說。

正義恢復之外，又不可不含訓育之要素，卽不可不具感化改善之目的也。此外又不可不含懲罰之意旨，卽使之有所懼而不敢爲非也。依於斯等刑罰之趣旨，一方爲圖正義之恢復，他方則懲戒罪人之自身，更感化改善之而使爲善良之公民；於他之一般人，則亦使之鑑戒於此而不敢爲惡。如是一般社會之安寧，得以永保，事之至善，誠無過於此者矣。

以上余之講述倫理學之意見，大體終了。一言以蔽之，余之倫理觀，則可概括爲自我實現說五字。此之自我，爲社會的性質，具有自己認識—自覺，自己決定，自己發展之特質者也。是故道德上吾人之所當爲者爲何，自覺其理想的社會我，自己决定而實現之，道德之本務，盡於斯矣。而理想爲進步的，實現一理想，而又有他之理想隨乎其後；進而言之，理想之本身，爲永續的，一程實現之後，而又有一程新理想加乎其上而補充之，永久實現進行不息者也。是故完全理想人格的實現，恐終爲不可能之事，而吾人亦惟永遠遥進於奮鬥途中而已。

倫理學習題

第一章

（1）倫理學之簡單定義爲何？或者謂其意義劃分有欠明確，其理由安在？

（2）心理學與倫理學同一硏究行爲，其性質何故不同？

第一節

（1）科學之二大種類爲何？除倫理學外，物理、心理、以及美術、論理等學，各屬何類？（2）摘出前述定義之謬點！吉田靜致所擬圓滿的定義爲何？（3）此處倫理學定義與倫理學講義之定義，其差別之點何在？（4）新舊定義之區別，卽在社會性質與品性兩詞之有無，實則兩詞之價値同否？（5）

道德判斷之對象爲何？（6）人類行爲果盡可爲道德判斷之對象乎？意識的動作果盡可爲行爲乎？畢竟道德上的行爲爲何？（7）某學者解釋妄起之習慣，謂其當受道德的判斷，然否？如何可以解釋前說矛盾之點？（8）品性與行爲當分別爲論，試就妄起一事而詳闡其故！（9）品性性質與行爲性質，其間之關係若何？從何處見出品性陶冶有可能理由？（10）孔子之善與一般人之善、究竟能相提並論否？如何方爲公平的判斷？（11）定義中應當如何一語，有何含義？

第二節

（1）從個人一語如何看出倫理學與政治學的區別？（2）何以世無純粹孤立的個人？與世無求之隱士，何以不得爲與社會絕緣？（3）吾人自身之絕大價值何在？人有一面厭生而又一面戀生者，其故何歟？

第三節

（1）略述科學定義之三條件！此三項之價值，是否相同？（2）從宇宙事物形成體系上，一釋說明之意義！（3）日蝕與日出，科學家之說明，與一般人之解釋，其不同之點安在？（4）觀察、分類、說明三者與科學成立之關係若何？（5）如何始爲科學的倫理學？並說明其根據與其實質所在？（6）有謂規範學不屬於科學者，其解釋事實科學與規範科學不同之點何在？（7）牛頓之立引力法則，與倫理學者之立道德規範，其性質是否相同？何由而知前說之誤謬？（8）科學之進步，不僅恃觀察歸納之功，能舉古今科學史事以證明否？（9）事實科學與規範料學，其在科學之地位，與其研究之事項，同異若何？

第二章

（1）意志活動問題於倫理學上之價值若何？（2）關於意志活動第一問題爲何？試列舉之，並釋其義！

第一節

（1）哲學上夙傳之大問題爲何？唯物論是否即意志必然論？（2）心的作用爲何？唯心論是否即意志自由論？

第二節

（1）康德之意志自由論，其論旨爲何？試一衡其價值！（2）細鳩維克對於意志自由之意見若何？並一衡其價值！（3）細鳩維克謂歷史及起源如何，於現在之價值無影響，然否？試從理論及事實兩方而一加評論！（4）何以見得康德之談意志自由，是一種間接的證明？說明道德意義，究以何法爲宜？（5）哲學家說明宇宙現象，都用何法？此等方法與唯物，唯心論有何關係？（6）外觀法與內省法，各有注意之點，究竟何法爲較得本原？（7）唯物論與唯心論，爲歷來哲學對峙之兩派，吉田靜致之棄取如何？（8）吉田靜致何故舍機械論說明之唯物論而採目的論說明之唯心論？

第三節

（1）絕對唯心論與人格唯心論，何以又名爲神本主義與人本主義？人格唯心論，信超絕人格之存在否？（2）英哲格林主張何種唯心論？吉田靜致又是何種主張？（3）超絕人格之神的心，我心能否想像得出？人有懷抱神之思想者，其人之思想，是否即神之思想？（4）人格之存在，爲自證的認知，物質及神之存在，是否與此相同？（5）人格何故假定爲社會的生活？反對者之設詞何在？如何始爲最經濟的假定？（6）不由人格唯心論，人類行動卽失去道德的意義，其故何歟？絕對唯心論，何以亦失去道德的意義？此種歸宿，與唯物論是否相同？（7）由人格唯心論，則事物之存在爲可能，能舉一具體事實以說明否？（8）同一勸業場，同一入場參觀之人，何以前後看法，迥若兩人？

第四節

（1）唯心論之難關何在？破此難關，應先講明何種事項？（2）主觀活動停止時，客觀事物是否隨之停止？強爲唯心論者解釋，則如何？（3）解釋前項難題，不能不需於主觀之習慣作用，此作用與穿鼻之習慣同否？（4）何爲習慣？此習慣及於主觀活動之力若何？試舉例以明之！（5）患精神病及熱狂者，其人之主觀勢力及於習慣的精神作用若何？普通人又如何？（6）客觀物之意義，因於各人之差異程度若何？（7）離主觀無單體之瓶，離主觀能有單一之宇宙乎？對我顯現之宇宙，與對一般所顯現者，其差異之程度若何？（8）絕對唯心論者，對於吾人之心與所認之宇宙，如何解釋？吉田靜致又如何解釋？（9）離却吾人所見具體的宇宙，是否尚有實在的宇宙？學者於思想上常犯何病？（10）理想的狀態，與現時各自之心態，其同異之程度若何？

第五節

（1）具體普汎一語，在吉田靜致哲學中最關重要，試詳審其意義！（2）人心之具體普汎，與人面之具體普汎，其性質是否相同？究竟世間有無純粹的客觀物？（3）理想憧憬者，動將理想爲實在化，此實在果符合眞相否？（

4）康德之所謂理性存在物，與人格唯心論者之所見，是否相同？（5）人格之特色，第一爲自己意識，試一言其效用之所在！（6）一般動物有無自覺的活動？吾人日常所爲，是否皆爲自覺的活動？並一言其道德上之價值！（7）何爲自己活動？此與意志活動有無關係？（8）自己發展是否即自己實現？其在思想上及道德上之價值若何？

第三章

（1）歷來哲學家有意志自由與必然兩極端之議論，能一揭其論旨之所在否？

第一節

（1）起動原因與目的原因，其意義若何？人類意志之活動，是否單屬其中之某種？（2）必然論者之根本謬誤何在？試一揭其要旨！（3）意志活動之正解為何？試概括說明其義！

第二節

(1)意志之活動，可分析為幾個階段？並簡單說明其義！(2)意志活動之情形，徵以淺喻，其狀若何？簡單言之，當作何解？(3)如何以最好的自我為目的？試舉一淺近之事說明其義！(4)目的理想與單純觀念之區別何在？試以淺近之事說明其義！(5)行為之動機唯一，欲望亦同此性質否？(6)欲望與動機之關係，舉一顯著之例，其狀若何？(7)動機何以不能不負道德的責任？

第三節

(1)何為品性？普通以行為為品性之表見，有例外否？施訓育者何以概認普通之例？（2）於前條變例上，如何看出意志自由之義？（3）行爲與品性一致時，何以不能問道德的責任？道德上所賞贊而認爲有價值者，概屬何等行爲？（4）品性如何表現爲行爲？新行爲有無影響品性之力？（5）品性與行爲之關係，概括說來，當作何解？（6）品性對於意志之關係，兼具被動主動相反之兩性，能徵實例以說明其意義否？（7）性向與品性是一是二？是否受道德的判斷？

第四節

（1）何謂志向？非志向所及，或不注意以致不能先見之事，均能免於道德的責在否？（2）動機與志向之區別，簡言之當作何解？能再徵一淺近之例否？（3）動機與志向，其範圍之廣狹與其意味之深淺各若何？

第五節

（1）結果論者如何設詞以難動機說？並窮究其謬誤之所在？（2）道德上於動機下判斷時，以何爲準？離志向而論動機之善惡，是否爲事實的動機？（3）對梅評價，如何爲抽象的？又如何爲具體的？（4）具體的評物與抽象的評物，其結果大不相同？仍就評梅之例而一窮其眞相！（5）道德評價與事物評價，其結果是否相同？（6）抽象的動機性質，何故不可忽視？究竟動機之具體性質，如何能得正當的批評？（7）兼考鼻之本形與其周圍關係，始得美醜眞相，只考動機而不顧志向，能得善惡的定評乎？（10）只考動機而不顧志向，不能得道德眞價，只觀志向而不顧動機，其流弊又如何？試舉例以明之！

第四章

(1)從心理狀態上詳闡動機之性質!

第一節

(1)動機之實質與形式是否一致?(2)心理的善是否即爲倫理的善?並詳其故!(3)說明道德責任的由來!(4)道德的區別,係於動機之形式乎?抑係於實質乎?(5)倫理學之根本問題何在?

第二節

(1)理想與實際,個人與社會,其間常有種種之衝突,能舉實例以證明否?

(2)理想與實際,個人與社會兩形對峙問題,如何括爲一大問題?(3)理想主義與實利主義之對峙，古代希臘卽開其端，試略述其梗概！

第三節

（1）道德標準上快樂說與動機說之區別何在？（2）何謂分量的計算主義？依此主義，則當採取何項標準？（3）計算快樂苦痛之分量，果能得到客觀標準，一如寒暑表之測驗溫度否？（4）快樂說者若果尋不到客觀標準時，則當採取何等快樂、比較可得貫澈其主張？並詳其故！

第四節

（1）何以自利說—個人的快樂說爲快樂說正當之歸結？（2）何謂功利說？此說能否成立於快樂說基礎之上？並詳其故！（3）感情快樂與快樂思想，其區別之點何在？（4）穆勒快樂性質區別之見若何？何以認許性質的區別，卽不得不捨棄快樂說的主張？（5）彌由黑德所謂快樂觀念與觀念快樂，其意義若何？（6）由彌由哈德之說，則於快樂之解釋，可以得到何等新印象？快樂說之根本謬誤何在？（7）想着成立快樂說，究竟如何設詞，方爲有利無弊？（8）德國學者斯克韮賚意志飽和一語，相當於快樂說中何種意義？（9）心理的快樂說與倫理的快樂說之區別何在？只言心理的快樂說，其難點爲何？（10）自然法與道德法之區別何在？何以細鳩維克必取倫理的快樂說？

第五節

（1）快樂說者犧牲現在之快樂，而欲更端享味快樂之總和，果能之乎？並詳其故！（2）現時瞬間之樂快，何故不可爲一生全體快樂之總和？（3）細鳩維克果由何種見地而成立其功利說：（4）何謂公平原理？快樂說之基礎，何故爲功利說之大忌？（5）何謂正義博愛之德？此說由何種原理而來？（6）何謂合理的自愛？此語之從來，異於正義博愛者何在？

第六節

（1）斯賓塞的進化快樂說，以何爲中心？並由反對何種主義而起？（2）個人主義之原子論，與社會學者之有機體論，其差別之點何在？（3）斯賓塞依據何種理由說明社會爲有機體？（4）人生最大快樂之唯一條件何在？（5）人生最後之窮極目的，與當前之直接目的，是否一致？並論求得快樂之道！

第七節

（1）何謂經驗的快樂說？斯賓塞之進化的快樂說，其方法與名稱，與此何故不同？（2）你能說明經驗的天文學與科學的天文學之異義否？（3）快樂苦痛依於社會進化而定，試依據生物進化之理而詳闡其故！（4）道德行爲與快樂，亦能依據生物進化之理而說明其關係否？並詳其故！（5）道德與快樂，不道德與苦痛，在進化極致與進化途中，其狀態何故不同？斯賓塞結合快樂與進化，其立言之微意何在？（6）禁欲主義，視快樂與道德不相容，斯賓塞之所見何故不同？（7）社會本位主義，何以一名社會萬能論？其於說明道德意義，有無妨害？（8）依斯賓塞之說，則人類行爲，還得爲目的原因之結果否？其窮極之害若何？

第八節

（1）何謂直覺說？從事實上看來，良心果如直覺說者所云，自始卽爲完整乎？然則良心究竟爲何？（2）道德判斷之二形式爲何？（3）法則標準與目的標準之區別何在？並究其產生之先後！

第九節

(1)解釋他律自律兩詞之意義！道德標準，何者爲宜？(2) 法律與道德之區別何在？(3) 直覺說之歷史的意義爲何？(4) 法則標準之難點有五，試各究其特點所在！(5) 申述直覺說之由來，及其難點之所在！(6) 直覺說仍爲一法則主義，有如僑居某男之命令，就前喩而論，如何方爲其家固有的理想命令？(7) 何故直覺說仍爲他律主義？如何方爲自律主義？(8) 直覺說爲訂正謬誤而仍陷於謬誤，其本原何在？(9) 從心理方面解釋良心之意義，究竟與直覺說解釋之意義同否？

第十節

（1）吉田靜致之良心說，究竟可以何等主義，何等名稱擬議他？（2）自律與他律之區別何在？及其與道德之關係若何？（3）良心之性質爲何？倘或偏於個人或社會一方，其流弊將至何等？（4）於前哲學所釋具體普汎之詞，能否應用於良心之解釋上？

第十一節

（1）倫理目的之特質有幾？試舉一顯著之例說明其義！（2）全體目的與部分目的之關係若何？對於全體適當關係之部分，當如何應付？

第十二節

（1）何謂禁慾說？此說是否適當？試舉一顯著之例說明之！（2）善惡果在感情欲望之本身乎？究竟善惡由何而定？（3）何謂本能滿足主義？此說與

禁欲說有何優劣？畢竟吾人之正當主張爲何？（4）尼采言論與其素日之個性，是否適合？並詳其故！（5）詮釋奴隸道德與君主道德之意義！（6）何謂超人？尼采以富於柔情之人而唱極端自強說，其用意何在？此說影響於後世者若何？（7）良心主義何以又成爲洽善主義，此與動機結果兩說，有無差別？

第五章

（1）何爲普汎主義？個人主義與普汎主義，兩極端之弊若何？

第一節

（1）個人與社會之關係，一般人之看法與吉田靜致之看法，何故不同？試一揭其簡單切要之點！（2）從過去歷史上說明個人心卽社會心！我今講述倫理學，何故不能爲余一人之見？（3）兒童初生，其意識之狀態如何？稍長又如何？（4）兒童人格概念之構成，其由無自我的自覺而進至有自覺的歷程如何？（5）兒童有模仿性與好强性，從此可以看出人格內容何種活動之特質？（6）如何從兒童漫畫上看出人格之共通的內容？（7）思想感情交換的工具，都從何處看出？

第二節

（1）社會制度與社會我之關係若何？所謂社會心者，具體的抑爲抽象的？（2）具體的面與具體的社會我，兩者可以比論否？（3）個人心之爲社會心，生成的抑爲演進的？（4）吉田靜致主張之社會心，何以易誤爲個人主義？究竟此處個人之眞義爲何？（5）何謂日本國之心？離歷史及國家生活，是否能了解社會我？（6）何謂眞實的國家心？此心爲具體的抑爲抽象的？（7）吾人各自之心爲具體普汎的，然則抽象普汎的爲何？（8）人心果有歸於一致之日，彼時此心爲具體的抑爲抽象的？（9）實在的社會心何在？只言國民心或國民性，具體的抑爲抽象的？（10）社會我之本身，何以爲實在物？了解前說之社會我時，可能澈悟至何境界？（11）何以眞正滿足自我之事，卽爲滿足社會一般之事？

第三節

（1）言語與人類之關係若何？眞正意味的社會生活，如何成立？（2）言語果惟人類能之乎？若貓若犬，其出種種之聲，非相互而爲對話乎？（3）不爲美國之猿作繙譯，日本之猿卽能默喻其意，其故何歟？（4）何故人類有人類社會之思想，而動物却無動物社會之思想？（5）動物之思想與人類之思想，其差別之點何在？假使動物而有言語交通利器，其結果當如何？（6）詮釋個體進化與社會進化之意義！（7）動物果不能爲社會的進化，何以解於犬之能爲道德意味的活動，與馬之能爲數學的計算？（8）十八個月嬰兒能爲布留爾，桔桔之呼喚，是言語抑是鳴聲？

第六章

（1）良心之狀態爲何？此心應該屬於何方面？

第一節

（1）欲爲之目的與不得不爲之目的，其性質何故不同？（2）良心之內容爲共通的，從何處見得？（3）遺傳可分幾種，良心之成爲具體普汎的，果由何而來？（4）良心構成之狀態，簡言之，其意義如何？自我之組織，是否一致？（5）良心之潛在，其眞實之狀態若何？有認爲自始完整之特別能力者，其說然否？

第二節

（1）良心之起原，可分幾說？斯賓塞如何折衷兩說而調和之？（2）斯賓塞之調和說，與普通經驗說有何不同？彼於道德心之起源，如何設詞去解釋？（3）斯賓塞以良心起原，爲由適當事情之發展而生，其解釋之誤謬安在？（4）良心爲自初卽具之物，能擧一二有力根據以說明否？

第三節　習慣我與理想我之戰

（1）何謂道德的善？如何組織自我在理想的基礎之上？（2）道德生活成立之狀況若何？（1）何謂理想我及習慣我？何以建設理想我，不能不戰勝習慣我？（4）何謂自我犧牲與自我實現？並假具體事實說明兩者之關係！（5）試從個人社會兩方說明良心之特質！

第四節

（1）良心主義何以又名爲治善主義？不明乎此，其弊害若何？（2）法律與道德，其區別之點何在？能舉具體事實說明其關係否？（3）社會制度之價值何在？（4）道德之根柢爲何？法律與論與道德有何關係？一般人謂此爲客觀化的良心，其故爲何？

第五節

（1）何謂一般化與特殊化，其相互之影響若何？（2）偉人庸人，其差別之點何在？並詳述大人特殊化之功用！（3）社會範圍之廣狹，於何處證實之？公共善之範圍，與此有無關係？（4）公共善之範圍，因時地而有異，而其作法則如何？（5）道德之形式與內容，其同異之程度若何？（6）良心主義，於兒童教育上如何得適用之？（7）監督之意義爲何？吉田靜致自道其國人富有他律的精神，如何設法矯正之？（8）滿足良心之行爲，何以一方爲治善說？而他方又爲自我實現說？

第七章

第一節

（1）否定習慣我，樹立理想我，學者常以何等言詞形容之？（2）理想進步之狀態若何？有以爲固定不動性者，其說然否？（3）何謂眞的理想，其於吾人現在之關係若何？（4）理想兼具絕對進步兩特質，均自何點看出？（5）理論與實踐，其性質何故不同？（6）離去主觀無客觀標準，然則道德標準，從理論實踐兩方言之各如何？（7）道德的善，有形式與實質之兩歧，此等區分，於良心實際上是否必要？（8）進步意義於道德生活之關係若何？道德法則於完全理想的境域，能否存在？（9）自然法與道德法之區別何在？（10）理想於懷抱理想的自我有密切關係，試舉一顯著之例說明之！

第二節

（1）詮釋絕對的倫理學與相對的倫理學之意義！（2）斯賓塞想像之理想人，與其所認許之理想人，是否一致？（3）進化之意義爲何？人生是否需求寂靜狀態的理想？（4）窮極理想，是否爲吾人今日所取之理想？眞正之理想爲何？（5）最後理想與現時心的狀態之關係若何？究竟有無一定不變的窮極理想？

第三節

（1）如何依據人本主義說明宇宙之意義？（2）眞理爲何？試舉實例以闡明其義！（3）如何依據人本主義說明道德的意義？（4）道德進步之實況爲何？

第四節

（1）進步與厭世觀之關係爲何？厭世觀何以又名爲最惡觀？（2）叔本華的厭世觀是如何看法？彼之所謂一時的解脫與永久的解脫，所憑藉者爲何？（3）叔本華何以要排斥自殺？他的主義，何以又名爲解脫主義？（4）樂天主義何以又名爲最善觀？於此主義所得進步的趣旨爲何？（5）馬爾布郎、叔本華兩氏，對於人生活動見解之比較，及其根本之歧義安在？

第八章

第一節

（1）良心依於心理學之研究，當具知情意之三作用，有僅舉其中之一，以爲良心之作用者，其說若何？（2）良心之知的發展，是如何看法？假設良心之判斷有錯誤時，有無特別之妨害？（3）發展良心之情的作用，應注意何等事項？（4）良心之意的發展，應從何方去努力？（5）打破煩悶，求助於宗教與求助於道德，其意義是否相同？（6）道德進步之第三條件爲何？此條件有何種解釋？於道德進步又有何關係？7）道德進步之三條件，與前述良心發展之三方面有何關係？

第二節

（1）何謂道德感？有以此爲一種特別能力者，其說然否？（2）何謂知覺的動機？舉例言之，其狀若何？（3）悟性的動機與理性的動機，何由而起？兩者價値孰大？（4）理性動機悟性動機與知覺動機，其區別之點何在？（5）知覺動機在道德上之價値若何？是否自始卽有價値？七十以後之孔子，是何造詣？（9）何以任知覺動機之指導爲最善？此項作法，是否可以應用一切？（7）試舉一知覺動機適於日常普通之事，而不適於重大事件之例證！（8）道德意志之價値，以何而定？小兒哺乳，雛鷄啄食，何以不屬道德論定之範圍？（9）道德上論定之範圍，以何爲限？聖人之品性的行動，果爲無價値乎？（10）無意識的善，或者以此仍爲一種自然的善，究之其實質同否？（11）道德卒業，可以置之道德論範圍以外，是否以此貶損其價値？（12）第二第三兩階段，何以又有積極消極之分？能假事實說明其意義否？（13）一般人之道德意識，常處三階段中之某段？如何使道德程途，能日起而有功？（14）人類意識之內容，其相互之影響若何？試博徵事例以明其故！（15

）孔德之人道論，能否替代社會我之意義？並詳其故！

第九章

（1）道德本務何在？於何時機卽成爲德？

第一節

（1）普通分本務爲二種類，試分述之，並一言其性質？（2）本務一語，法律上之見地與道德上之見地，大不相同，其理由安在？（3）狎遊青樓，浪擲無謂之金錢，以法律繩之，與以道德繩之，其結果同否？（4）權利與本務之範圍，由法律言，與由道德言，是否一致？（5）權利與本務，道德上之範圍爲同等，試就財產使用上說明其意義！（6）人而不履行理想生活的本務，由法律衡之，與由道德衡之，其結果同否？（7）人之身體，爲好生之故而存在，與爲作人之天職而存在。其價値孰大？（8）國家存在之權利，價値之大小，以何區別？

第二節

（1）何謂功績行爲？有謂此行爲遠在義務行爲以上，然否？（2）何以義務以上之行爲，爲道德所不許？功績行爲，究於何時可得成立？並舉例以明之！（3）關於義務之解，有某學者與某將軍之論爭，畢竟惹起論爭之點何在？兩者之歸宿，何以相同？（4）關於義務之解，理論與實際，何以不可不明示區別？

第三節

（1）蘇格拉底之德論，其論旨爲何？究有合於道德之意義否？（2）亞里斯多德之德論，其論旨爲何？與蘇氏比較，有何區別？由今日倫理學之見地觀之，誰的議論，較爲符合？（3）何謂德？道德上之習慣，與技術家所謂熟練之習慣，其意義有何不同？

第四節

（1）何以克己意志，爲養成道德必要之條件？此種消極的抑制力，於道德上是否有永久的需要？（2）自我否定，是否爲道德最後目的？眞正之道德目的何在？（3）何謂善的欲望及病的欲望？試從實現全體自我目的上，一一區別其性質！（4）欲望之種類爲何？如何使諸多欲望，於道德有益無損？（5）一言欲望，盡人而易聯想於卑劣之途，宜否？如何導國民能利用欲望？（6）文藝家與道學家，生活之狀態，是否相同？如何方不失道德的價值？（7）吉田靜致所稱彼邦人民歷來之習慣，與其青年男女之煩悶，擬之吾國，是否相同？有何調劑之道？（8）吉田氏抱憾於彼邦人民健體欲望之缺陷，吾國現在，是否同此情形？（9）何故殖欲爲活動吾人之興奮劑？如何始爲自我實現良心主義之歸結？

第五節

（1）德之根本唯一，何以歷來分類有種種歧異之條件？（2）種種德目，不外同一根幹之分歧，然則吾人修德，應從何處去努力？（3）德與不德之區別，應從何時去認識？道德的惡，畢竟應作何解？（4）道德的惡，共分三種，試簡單說明其義！（5）道德的薄弱與道德的邪惡，兩者何由而起？何種過惡程度爲大？（6）消極的惡與積極的惡之過惡程度同否？僅不爲惡，何以不當傲然自詡？（7）普通所認平均標準，是如何看法？若由道德標準言之，又當如何？

第六節

（1）刑罰之意義爲何？有謂惡行爲爲社會個人叛逆的行動，其說然否？（2）父責其子，師責其徒，以復仇虐待與刑罰兩義衡之各如何？（3）裁判官與執行死刑之役吏，其處分罪犯，何以一般人不議其殘酷？（4）刑罰之爲社會的理由何在？僅對個人爲損害賠償，是否遂爲無罪？（5）個人與個人，相互間有衝突而不能成立刑罰之意義，其故安在？（6）主觀的同情與客觀的同情，道德上各有何等之解釋？所謂正義，成立於何項同情之上？（7）何謂報酬的衝動？此衝動何由而起？於何時則生正義？（8）亞丹斯密之正義論與穆勒之正義論，其意義是否相同？（9）自衞與同情，兩者之價值孰大？何種與正義爲密接？

第七節

（1）報復說之本義爲何？並一言其不當之點！（2）保護說之意義爲何？他的不當之點何在？（3）感化說之目的何在？此說果不可行乎？並一摘其妨害正義之點！（4）感化說如何涉及死刑存廢問題？有爲完全排斥之說者，然否？（5）何謂威嚇說？爲此說者，有何理由？並一言其妨害正義之點！（6）刑罰之眞正意義爲何？是否離前報復、保護、感化、威嚇等說而別有取義？（7）吉田靜致之倫理觀，其概括爲何說？道德的本務何在？完全理想的人格，能否有實現之一日？

倫理學正誤表

頁數	行數	字數	錯誤	訂正
三	一	一	也下之，	。
三	一〇	一七	學下之，	。
七	二	一一	然下之，	。
七	四	一六	常	當
七	九	一二	作下英文字字首U	V
一一	一〇	二八	此下脫，	
一六	二	二〇	人下之，	。
一六	一一	一三	爲下脫有字	
一八	二	七	定下之，	。
一八	八		英字第二字母T刪去	
一九	三	一三	世字刪去	
二〇	一二	一五	織	識
二一	七	一九	若	然而
二一	九	一八	學下之，	。
二三	一	一二	質下之。	，
二七	一二	二六	得字刪去	
二九	一〇	二二	Reality下脫；	
三四	七	七	爲上脫我字	
三五	九	一七	是	以
三六	一一	二六	得深木	得本深
三七	一二	九	說。	說明，
三七	一二	一七	則下脫以字	
三八	一	一三	强下脫有字	
三八	八	八	觀下之，	。
三八	九	二四	心下之。	，
四一	七	四	意義	上
四三	二		末尾之字刪去	
四三	三	三	者	之總因
四三	九	二一	也下之，	。
四四	三	二四	歸	婦
四四	一〇	二八	滅下之，	。
四六	一〇	六	矢	失
四六	一二	一九	爲	由
四七	一一	二一	直人	人直
四九	二	三	異下之，	。
四九	三	四	心下脫之，	
四九	一一	二五	者下之。	，
五〇	七	尾字	無	而
五〇	一〇	一七	觀下之，	。
五一	一二	六	想下人脫的字	
五二	五	首三字	吾人於	於吾人之
五二	一二	一八	詞下之，	。
五三	一二	一六	我	於
五八	五	末三字	目的因	目的原因
五九	一	一八	此	在
六一	一	二八	爲下脫有字	
六一	二	一一	因下脫自由二字	
六二	六	九	應與	順應
六三	七	一四	目字上脫由字	
六四	一	二一	日得	日月得
六四	六	二三	自己	而已

頁數	行數	字數	錯誤	訂正
六四	七	七	自	而
六四	一二	一八	念下之Ideal	Idea
六八	四	七	性下或云性格四字删去	
七四	一〇	八	傷下脫某乙二字	
七七	一〇	六	無下脫之字	
八三	九	一三	是字删去	
八六	六	四	富下之。	，
八七	八	一六	英下脫，	
八九	二	八	意下脫義字	
九七	五	一九	足下之，	。
一〇〇	五	一七	說下之，	。
一〇〇	一〇	二五	英字第八字母N	U
一〇三	一	五	題下之，	。
一〇五	五	二四	之下脫意字	
一一一	六	首字	月字前脫年字	
一一二	八	六	英字字首F	E
一一三	三	首字	英字字母B	V
一一六	七	首字	爲下脫無字	
一二五	六	一四	廿	廿
一二七	一一	一五	驗下之。	，
一三二	九	二八	中軸	中樞
一三八	二	一八	運下脫轉字	
一三八	九	二七	惡字删去	
一四二	一	尾字	義下之。	，
一五二	八	一七	然而	假設
一五七	五	首字	英字字首I	J

頁數	行數	字數	錯誤	訂正
一六八	五	一一	英字字尾P	Y
一六八	六	首字	節	第
一七〇	五	二六	自	至
一七六	二	二五	時	期
一七六	五	一三	尙	固
一九八	九	一五	壓	厭
二〇〇	三	七	痛下之，	。
二〇一	一	一三	英字 Optimiur	Optimus
二一一	一	二六	道	過
二三五	三	九	洒	酒
二四〇	二	二四	木	本
二四〇	四	七	不下脫可字	
二四七	六	一〇	生下之，	。
二四七	八	一五	復爲	爲復
二四八	八	四	不過二字删去	
二四八	一一	一	英字第四字母S	R
附例言				
二	七	三一	敎下之，删去	
附目次				
一	五	二四	倫	論
一八五		一四	難	離
一八	七	五	洽義	洽善
附習題				
一〇	九	二	在	任
一四	末行	一六	說下之：	？